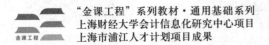

"金课工程"系列教材·通用基础系列
上海财经大学会计信息化研究中心项目
上海市浦江人才计划项目成果

Python 在数据分析中的应用

——统计分析方法与计量模型实践

饶艳超　　张周◎主编

立信会计 出版社
LIXIN ACCOUNTING PUBLISHING HOUSE

图书在版编目(CIP)数据

Python 在数据分析中的应用：统计分析方法与计量
模型实践 / 饶艳超，张周主编. —上海：立信会计出
版社，2022.2
ISBN 978 - 7 - 5429 - 6998 - 9

Ⅰ.①P… Ⅱ.①饶… ②张… Ⅲ.①软件工具—程序
设计 Ⅳ.①TP311.56

中国版本图书馆 CIP 数据核字(2022)第 013305 号

策划编辑　　冯　晶
责任编辑　　张巧玲

Python 在数据分析中的应用：统计分析方法与计量模型实践

Python ZAI SHUJU FENXI ZHONGDE YINGYONG TONGJI FENXI FANGFA YU JILIANG MOXING SHIJIAN

出版发行	立信会计出版社		
地　　址	上海市中山西路 2230 号	邮政编码	200235
电　　话	(021)64411389	传　真	(021)64411325
网　　址	www.lixinaph.com	电子邮箱	lixinaph2019@126.com
网上书店	http://lixin.jd.com		http://lxkjcbs.tmall.com
经　　销	各地新华书店		
印　　刷	常熟市华顺印刷有限公司		
开　　本	787 毫米×1092 毫米　　1/16		
印　　张	12.25		
字　　数	240 千字		
版　　次	2022 年 2 月第 1 版		
印　　次	2022 年 2 月第 1 次		
印　　数	1—2 100		
书　　号	ISBN 978 - 7 - 5429 - 6998 - 9/TP		
定　　价	38.00 元		

如有印订差错，请与本社联系调换

前　言

　　人类社会发展进程中,通过数据来研究规律并发现规律贯穿了始终。从进入信息化时代开始,人类社会的各类信息系统就开始积累大量的业务数据,为了有效、充分利用这些数据支持日常管理和决策,数据分析成为越来越多岗位人员每天的基本工作。进入数字化时代后,不仅数据量越来越大,数据类型和数据形式也越来越多,各行各业对数据分析的需求也越来越强烈。

　　可以说,数据分析正在改变传统岗位的工作方式,数据分析正成为最受人们青睐的工作岗位,数据分析能力是数字化时代各类人才的必备能力。为了增强学生在人才市场的竞争力,越来越多高校在基础课程或专业必修、专业选修课程中加入了数据分析课程,或是至少在相关课程中加入了数据分析的教学内容。

　　数据分析是指将某一主题相关的数据收集整合,然后利用特定的方法分析这些主题数据,从中发现规律或是得到结论。社会和经济领域中针对不同主题的决策场景进行数据分析有着不同的分析目的,分析目的不同,分析所基于的数据、方法和工具也会不同。因此,进行数据分析首先需要确定数据分析目标。例如,企业产品运营部门进行数据分析的目的之一是了解产品存在的问题并分析原因,然后在分析的基础上思考优化的运营方案。再如,投资部门进行数据分析的目的之一是深入分析备选投资方案的成本、收益和风险,以及分析哪些因素会怎样影响投资成本、投资收益和投资风险,以支持投资决策。

　　就数据而言,数据分析所基于的数据有简单的数据,也有复杂的数据;有数值数据,也有文本数据;有连续数值数据,也有断点数值数据;有结构化数据,也有非结构化数据。就方法而言,统计学是数据分析的灵魂,统计分析方法是常用数据分析方法。就经济领域的数据分析而言,计量经济模型是常用的分析模型。

　　很多编程语言都可以实现数据分析,Python 是当前在实务应用和课堂教学中的首选语言。这不仅因为 Python 语法简单,代码可读性高,容易入门,有利于初学者学习,还因为 Python 在数据处理、分析和交互、探索性计算以及数据可视化等方面都有非常成熟的科学计算库和工具。例如,在数据处理和分析方面,Python 拥有 NumPY、Pandas、Matplotlib、Scikit-learn、IPython 等一系列非常优秀的库和工具。此外 Python 在爬虫、Web、自动化运维甚至游戏等诸多领域也有广泛应用。

本教材基于 Python 学习在进行数据分析时常用的统计分析方法,具体包括多元线性回归模型拟合、多元非线性回归模型拟合、多元统计分析推断、模型变量的异方差性处理、处理面板数据的固定效应方法和随机效应方法、时间序列数据处理的有限分布滞后模型等。本教材学习内容略过数据的获取过程,不关注 Python 的爬虫应用,仅关注在数据获取之后应用 Python 实现利用不同的统计分析方法构建模型进行数据挖掘和发现数据规律。本教材共十一章的学习内容建立在对 Python 应用已有一定程度了解和掌握的基础之上。如果学习者对 Python 了解不多,可以通过附录部分,先学习应用 Python 进行数据分析的基础,学习如何搭建 Python 数据分析环境,了解掌握 Python 数据处理和分析的常用算法库和工具包。

第一章应用 Python 拟合多元线性回归模型,重点学习数据分析过程中拟合多元线性回归模型常用的普通最小二乘法的 Python 实现。

第二章应用 Python 进行多元统计分析推断,重点学习统计推断过程中进行的单一参数单侧备择假设检验和双侧备择假设检验、双参数线性组合假设检验和置信区间的计算的 Python 实现。

第三章应用 Python 拟合多元非线性回归模型,重点学习如何应用 Python 对变量进行标准化,构建标准化的回归模型,以及如何应用 Python 处理含有对数、二次函数等非线性回归模型。

第四章应用 Python 检验模型设定和数据问题,重点学习如何应用 Python 检验模型误设、代理变量处理,以及如何解决异常观测值问题。

第五章应用 Python 处理含虚拟变量的多元回归模型,重点学习如何应用 Python 处理二值虚拟变量、多类别虚拟变量以及虚拟变量的交互作用。

第六章应用 Python 处理异方差性,重点学习如何应用 Python 识别、检验并处理异方差性问题。

第七章应用 Python 处理简单面板数据,重点学习如何应用 Python 处理独立混合横截面数据和两期面板数据。

第八章应用 Python 估计工具变量,重点学习如何应用 Python 构造工具变量,并进行工具变量的相关检验,具体包括变量内生性检验和过度识别检测,以及学习如何应用 Python 解决两阶段最小二乘法面临的异方差性问题。

第九章应用 Python 处理多期面板数据,重点学习处理面板数据的固定效应方法和随机效应方法,以及如何应用 Python 完成处理过程。

第十章应用 Python 处理联立方程组,重点学习如何应用 Python 进行联立方程组的参数估计。

第十一章应用 Python 处理时间序列数据,重点学习如何应用 Python 处理有限分布滞后模型、趋势和周期数据、平稳性和弱相关性时间序列数据、高度持续性时间序列数据。

本教材关注在已有数据的前提下应用 Python 进行数据分析的操作学习,为了方便大家更有效学习,也考虑到进行数据分析所用方法主要是统计分析方法和计量经济模型,本书结合经济管理、公共管理、企业管理、工商管理、财会审工作场景中常用的统计分析方法和计量经济模型安排章节学习。考虑到数据的真实性和合理性问题会影响到方法应用和数据分析解读,本书选用了一些国内外高校学习计量经济学较常用的美国数据及分析实例来讲解 Python 的具体应用,并提供所选实例配套的数据文件获取方式。书中所有实例配套数据都以 Excel 数据文件形式(.xls 后缀的文件)提供,同时配有文件变量的元数据文件。

本教材适用于对数据分析感兴趣,并且希望学习 Python 增强数据分析能力、提升自身在数字时代竞争力的学习者;适用于经济管理、公共管理、企业管理、工商管理类、财会审计类专业学生的专业必修、专业选修系列的数据分析课程教学。

扫码获数据文件

目　录

第一章　应用 Python 拟合多元线性回归模型

当今世界纷繁复杂,对世界的描述一般表现为多元数据形式。多元数据是包含多个变量或是说多个维度信息的数据。数据分析的目的是发现数据之间存在的各种关系,挖掘数据背后隐藏的规律。多元数据分析是针对多元数据展开的分析,要求同时考虑多个变量,从多元数据集中挖掘出数据之间相关关系和影响变化规律等信息。多元线性回归模型是在进行重要变量的影响因素分析,或者是在进行不同维度之间的相关关系分析,又或者是在进行重要变量预测的时候常用的模型之一。

以企业销售决策为例,当前经济和技术环境下,企业在应用内外部数据进行销售预测、制订销售计划时需要考虑很多影响因素,面对很多不确定性。企业可以通过构建多元线性回归模型,分析挖掘出显著影响销售的重要因素及其影响方式和程度,拟合多元线性回归模型进行预测。

第一节　多元线性回归模型

一、多元线性回归模型表达式

有 k 个自变量的多元线性回归模型表达式为:

$$y = \beta_0 + \beta_1 x_1 + \beta_2 x_2 + \cdots + \beta_k x_k + u$$

其中,β_0 为截距;β_i,$i=1,2,\cdots,k$,是 x_i 的回归系数,也称为斜率参数;u 为误差项或干扰项。该模型的含义多为探索 x_i 和 y 的关系,x_i 被称为解释变量,y 被称为被解释变量,有时 x_i 被称为自变量,y 就对应地被称为因变量,这也是本书中常用的称谓。

二、多元线性回归模型结果的解读

应用多元线性回归模型的目的在于通过观察采集到的数据估计各个回归系数,各个系数

的估计值记作 $\hat{\beta}_i$，其含义是"假定其他因素不变的情况下，x_i 的变化引起 y 的变化是多少"。当 $\hat{\beta}_i \neq 0$ 时，就说明对应的 x_i 对 y 有偏效应。偏效应存在说明 x_i 对 y 有影响，否则说明没有影响。

多元线性回归模型的重要意义在于，现实中难以获得的"其他条件不变"的实验情况，可以通过多元线性回归模型的拟合模拟出来，即每一个 $\hat{\beta}_i$ 都是在其他 x_j 不变的情况下，x_i 变动对 y 的影响。

三、多元线性回归模型拟合方法——普通最小二乘法

利用数据拟合或估计 $\hat{\beta}_i$ 的方法有多种，最基本的方法是普通最小二乘法，简写作 OLS（ordinary least squares）。

例如，高校教学管理部门在制定学生 GPA 相关政策的时候，会需要分析大学 GPA 的影响因素，这时就可以构建多元回归模型，并采用 OLS 方法进行参数估计拟合模型。该模型可以分析单一因素的影响，也可以分析多因素的影响。

（一）OLS 参数估计

1. 考虑单一因素影响的模型和参数估计

如果考虑单一因素的影响，例如，只考虑高中 GPA 对大学 GPA 的影响，我们需估计如下模型的参数：

$$colGPA = \beta_0 + \beta_1 hsGPA + u \tag{1.1}$$

式 1.1 中，$colGPA$ 代表大学 GPA，$hsGPA$ 代表高中 GPA。若式 1.1 成立，在其他因素不变的情况下，则有 $\Delta colGPA = \hat{\beta}_1 \Delta hsGPA$，所以 $hsGPA$ 的系数 $\hat{\beta}_1$ 的含义就是在其他因素不变的情况下，$hsGPA$ 提高或减少 1 分引起 $colGPA$ 提高或减少 $\hat{\beta}_1$ 分。如果 $\hat{\beta}_1 \neq 0$，则称 $\hat{\beta}_1$ 有偏效应，即存在影响或因果关系。

2. 考虑两个因素影响的模型和参数估计

如果考虑两个因素的影响，例如，同时考虑高中 GPA 和大学能力专项测试分数 ACT 对大学 GPA 的影响，此时构建的模型就是多元线性回归模型，需要估计如下模型的参数：

$$colGPA = \beta_0 + \beta_1 hsGPA + \beta_2 ACT + u \tag{1.2}$$

式 1.2 中，$hsGPA$ 的系数 $\hat{\beta}_1$ 的含义就是，保持 ACT 不变，$hsGPA$ 提高或减少 $\hat{\beta}_1$ 分引起 $colGPA$ 提高或减少 $\hat{\beta}_1$ 分；ACT 的系数 $\hat{\beta}_2$ 的含义就是，保持 $hsGPA$ 不变，ACT 提高或减少

1 分引起 *colGPA* 提高或减少 $\hat{\beta}_1$ 分。

(二) 模型拟合优度相关的几个重要概念

1. 残差

将每一条观察到的数据代入到拟合后的模型中都可以计算出一个关于被解释变量的值,这就是预测值。预测值 $\hat{y}_i$ 与真实值 y_i 之差是残差 $\hat{u}_i$,表达为:

$$\hat{u}_i = y_i - \hat{y}_i$$

2. 残差平方和

残差平方和(sum of squares residual,SSR),用于度量预测或拟合效果的指标,计算的是拟合数据和原始数据对应点残差的平方和。残差平方和越小,表明拟合越好。计算公式为:

$$SSR = \sum_i^n (y_i - \hat{y}_i)^2 = \sum_i^n \hat{u}_i^2$$

3. 总离差平方和与回归平方和

除了残差平方和,在实际模型评价过程中还有两个常用指标,总离差平方和(sum of squares total,SST)与回归平方和(sum of squares explained,SSE)。

SST 计算的是原始数据和均值之差的平方和,表达了样本中的数据与其均值的"波动"。计算公式为:

$$SST = \sum_i^n (y_i - \bar{y}_i)^2$$

SSE 计算的是预测数据与原始数据均值之差的平方和。计算公式为:

$$SSE = \sum_i^n (\hat{y}_i - \bar{y}_i)^2$$

4. 判定系数

SST 和 SSE 这两个量结合,可以计算出另一个描述拟合优度的指标 R^2,也被称作判定系数,具体公式为:

$$R^2 = SSE/SST = 1 - SSR/SST$$

R^2 被认为是模型中波动部分可以被模型中解释变量所解释的比例,$R^2 = 1$ 意味着一个完美拟合;反之,R^2 接近零则不是一个很好的拟合。

SSR、SST、SSE 可通过 Python statsmodels 直接获取。但需要注意的是,在 statsmodels 中,总离差平方和一般表示为 tss(total sum of squares),回归平方和一般表示为 ess(explained sum of squares)。

（三）OLS 有效估计必须满足的假设

OLS 有效估计必须满足一系列假设，这些假设要求观测到的数据一定要具备某些条件才可以得到预期的可靠结论。我们从直观的角度阐释这些假设的内容及其对现实中的数据要求。

1. 假设 MLR.1：线性参数

该假设要求被解释变量 y 是各个 β_i 的线性函数。这里强调的是 β_i 的线性关系，而不是解释变量的线性函数，被解释变量和解释变量之间是否为线性关系并没有限制。

2. 假设 MLR.2：随机抽样

该假设要求观测数据是一个随机样本，即从整体中随机抽样得到的。这样的结果使得各个估计参数也是随机变量。

3. 假设 MLR.3：不存在完全共线性

该假设要求观测数据样本中不存在是常数的自变量，自变量之间不存在严格的线性关系。完全共线性意味着如果一个变量表达为其他变量的线性组合，那么说明这个变量在这个模型里是多余的，并没有为模型提供更多的信息。

4. 假设 MLR.4：条件均值为零

该假设要求解释变量与误差项无关，对于给定的任意自变量，误差项 u 的期望值为 0，即 $E(u|x_i)=0$。如果出现函数形式错误设定、某个解释变量与误差项相关或者模型遗漏了某项重要变量，都可能使该假设不成立。

5. 假设 MLR.5：同方差性

该假设要求给定任意解释变量值，误差项 u 都具有相同的误差，即 $Var(u|x_i)=\delta^2$。其含义是不可观测的影响因素的方差不依赖于解释变量及其取值。

6. 假设 MLR.6：正态性

该假设要求总体的误差 u 独立且同分布，服从均值正态分布。

假设 MLR.1～假设 MLR.5 被称为高斯-马尔科夫假设，假设 MLR.1～假设 MLR.6 被称为经典线性模型假设（classical linear model assumptions，CLM），这些假设保证了 OLS 估计结果的有效性。

（四）满足不同假设条件得出的 OLS 估计结果解释

如果满足假设 MLR.1～假设 MLR.4 的条件得出的 OLS 估计量是无偏估计量，等价于 $E(\hat{\beta}_i)=\beta_i$。其意义在于随机样本中抽取的不同数据进行拟合得到的估计结果可能不同，但是不会过大或过小，都在真实值上下波动。

如果满足假设 MLR.1～假设 MLR.5，则估计结果的每个系数的方差与误差项的方差、

SST 和自变量之间的线性关系存在稳定的量化关系。其含义是如果估计结果的方差越大，表明估计效果越差。影响估计效果或方差的因素有三个：误差项方差越大，估计值的方差也越大；解释变量的 SST 越大，估计效果越好，通常可以通过增加样本容量来提高估计效果；自变量之间的多重共线性越小，估计效果越好。

用公式表达为：

$$Var(\hat{\beta}_i) = \frac{\delta^2}{SST_j(1 - R_j^2)}$$

R_j^2 是将 x_j 对所有其他自变量进行回归的 R 方，它度量了 x_j 与其他自变量的线性关系。

如果满足假设 MLR.1～假设 MLR.5，则有 $E(\hat{\delta}^2) = \delta^2$，对误差项方差的估计是无偏估计，满足这些条件能够得到较好的误差项方差的估计量。

如果满足假设 MLR.1～假设 MLR.5，那么得到的回归系数的估计值都是模型斜率参数的最优线性无偏估计量。也就是说，满足这些条件，通过 OLS 得到的估计量是最好的——无偏的、方差最小的（最优）、线性的（简化的），这也是使用 OLS 的重要原因。

以上假设的直观含义对实证研究有重要意义，我们需要通过经济逻辑和直觉判断研究的变量是否符合上述假设。在后续章节，本书还会介绍具体的相对严格的检验方法。

第二节　普通最小二乘法的 Python 实现

计算多元线性回归模型（式 1.2）中 β_1 的估计量 $\hat{\beta}_1$ 的方法有很多，最基础的是普通最小二乘法 OLS。本节通过具体实例重点阐述 OLS 方法在 Python 中如何实现。

一、二元回归模型拟合实例

例 1.1　大学成绩的影响因素（数据 GPA1.xls）

本例基于一个收集了美国学生高中成绩、学生能力和大学成绩等数据项的数据文件来讲授在 Python 中进行数据分析的具体操作，也是国内外高校讲授计量经济学课程常用的数据文件之一。

本例关注的是高中成绩和学生能力对大学成绩的影响，或者说探索高中成绩和学生能力与大学成绩的因果关系，这种因果关系在计量经济学中可以量化表述为：如果高中成绩或学生能力提高 1 个单位，在其他影响因素不变的情况下，大学成绩能提高（或减少）多少单位。用高中 GPA 代表高中成绩，变量名 $hsGPA$；用大学 GPA 代表大学成绩，变量名

colGPA；用大学能力专项测试分数代表学生能力，变量名 *ACT*。*colGPA* 是被解释变量，*ACT* 和 *hsGPA* 是解释变量。我们可分别构建单因素模型或多因素模型，并应用 OLS 方法估计模型参数拟合模型。

本书使用 statsmodels 这个 Python 体系最常用的统计和计量经济学工具包进行计算，结合 Python 本身的数据处理和编程能力，能够方便处理数据，拟合估计，输出结果。例如，执行 Python 语句 import statsmodels.api as sm 就可以加载 statsmodels 工具，并将其命名为 sm，以后只需用 sm 就可以使用 statsmodels 中的计量工具。

（一）模型拟合前的数据准备

在拟合结果之前，必须要做的是准备数据，即按照模型拟合的数据要求标记相关变量。本书中的操作练习数据以 Excel 数据文件形式（.xls 后缀的文件）提供，同时配有文件变量的元数据文件。因为原始文件中没有写明具体的变量名，所以在练习中需要根据元数据文件人为标记，这样的过程就是数据准备的过程。

通常数据准备是一个复杂的过程，本例较为简便。

1. 加载 Python 工具包

首先，加载本例中需要用到的工具包。

在进行数据分析时，Python 常用的工具包有 Pandas、NumPY、Statsmodels、Scipy 和 Matplotlib，在 Python 中加载工具包的代码很简单，每次需要加载时重复使用以下代码。

#加载 Pandas 工具，并将其命名为 pd

```
import pandas as pd
```

#加载 Statsmodels 工具，并将其命名为 sm

```
import statsmodels.api as sm
```

#加载 NumPY 工具，并将其命名为 np

```
import numpy as np
```

#加载 Matplotlib 工具，并将其命名为 plt

```
import matplotlib.pyplot as plt
```

#导入统计函数子包 scipy.stats

```
from scipy import stats
```

2. 加载并整理数据

Python 工具包加载完成后就可以加载并整理数据。

例 1.1 中，使用 Pandas 作为主要的数据处理工具。

使用 Pandas 读入 Excel 文件的语句，语句如下：

data = pd.read_excel('d:/pythondata/gpa1.xls', header = None)

其意义是：①将存放在 D 盘 pythondata 目录下的 GPA1.xls 文件中的数据装载到 data 中（文件存放位置可以人为修改）。②因为给定数据集文件中的数据都是没有列名称的，每一列数据是什么需要其他文件说明，所以语句中 header = None 表示第一行数据不是标题。

执行语句 data.head()，显示前 5 条数据，结果如图 1.1 所示。这可使我们对数据有整体了解。

data. head ( )

	0	1	2	3	4	5	6	7	8	9	…	19	20	21	22	23	24	25	26	27	28
0	21	0	0	1	0	0	0	1	0	3.0	…	0	1	1	0	0	2.0	1.0	1	0	0
1	21	0	0	1	0	0	0	1	0	3.4	…	0	1	0	1	1	0.0	1.0	1	1	1
2	20	0	1	0	0	0	0	1	0	3.0	…	0	1	1	0	1	0.0	1.0	1	1	1
3	19	1	0	0	0	1	1	1	0	3.5	…	0	0	1	0	0	0.0	0.0	0	0	0
4	20	0	1	0	0	0	0	1	0	3.6	…	0	1	1	0	1	0.0	1.5	1	1	0

5 rows × 29 columns

图 1.1　未修改列名称之前 data.head( )语句执行结果

结果显示，数据有 29 列，每列都是一个要研究的变量，是用编号 0, 1, 2, …, 28 标识的。仅仅通过显示的结果并不能知道每一列数据的意义，这时我们可以使用元数据（说明每一列代表哪个变量的文件），人工修改每一列的名称。本例中，GPA1_description.txt 文件就是元数据，该文件标明了第几列的变量名及其意义，可以使用文本编辑器打开（其实就是文本文件）。

例 1.1 仅需要 *colGPA*、*hsGPA* 和 *ACT* 三个变量，所以关键是要识别出哪些列的数据分别代表这三个变量。读取元数据文件可知，我们需要的三个变量分别在第 10、第 11 和第 12 列。接下来就可以通过 Pandas 修改列名称的语句，将有意义的变量名添加到 data 中。

data.rename(columns = {9:'colGPA', 10:'hsGPA', 11:'ACT'}, inplace = True)

该语句用于修改第 10、第 11、第 12 列的名称。需要特别注意的是，Python 计数是从 0 开始的，第 1 列的序号是 0，以此类推。

由于例 1.1 中很多数据用不到，我们仅读取需要的数据，执行语句 data = data[['colGPA', 'hsGPA','ACT']]后，再运行 data.head()命令，再次要求显示最前面的 5 条数据。与前次数据显示

	colGPA	hsGPA	ACT
0	3.0	3.0	21
1	3.4	3.2	24
2	3.0	3.6	26
3	3.5	3.5	27
4	3.6	3.9	28

图 1.2　修改列名称之后
data.head()语句执行结果

结果相比,本次的显示结果清晰很多,如图 1.2 所示。

至此,我们得到需要的数据,接着就可以进行建模和拟合数据的工作了。

(二) 建模和拟合数据

根据模型,我们最关注的参数是 β_1,虽然很难知道其真实数值,但是我们可以通过大量数据估计出其"估计值"$\hat{\beta}_1$ 和 $\hat{\beta}_2$,于是有:

$$colGPA = \hat{\beta}_0 + \hat{\beta}_1 hsGPA + \hat{\beta}_2 ACT$$

1. 确定解释变量和被解释变量

```
exog = data[['hsGPA','ACT']]
```

该语句用于将所有解释变量存放在 exog 中。

```
exog = sm.add_constant(exog)
```

通常,解释变量中还要添加常数项(截距项)。该语句用于将常数项加到解释变量中。

```
data['colGPA']
```

该语句用于定义被解释变量。

2. 确定线性模型

```
mod = sm.OLS(data['colGPA'],exog)
```

该语句用于表达被解释变量为 data['colGPA'],解释变量为 exog 的线性模型。此处标准语句 sm.OLS(被解释变量,解释变量)是 statsmodels 的普通最小二乘法模型表达。

3. 拟合估计参数

模型确定了,接着就是利用数据拟合估计参数。这一步的代码也很简单,执行语句 res＝mod.fit()即可。

该语句命令计算机开始计算,拟合的结果都在"res"这个类变量里面了。

通过执行语句 res.summary()可以得到主要的结果,如图 1.3 所示。

图 1.3 中,coef 是斜率系数或回归系数;std err 是各个回归系数的标准误(standard error),t 为 t 统计量;P>|t|为 p 值。拟合好的方程为:

$$\widehat{colGPA} = 1.2863 + 0.4535 hsGPA + 0.0094 ACT$$

Dep. Variable:	colGPA	R-squared:	0.176
Model:	OLS	Adj. R-squared:	0.164
Method:	Least Squares	F-statistic:	14.78
Date:	Thu, 29 Mar 2018	Prob (F-statistic):	1.53e-06
Time:	09:57:02	Log-Likelihood:	-46.573
No. Observations:	141	AIC:	99.15
Df Residuals:	138	BIC:	108.0
Df Model:	2		
Covariance Type:	nonrobust		

	coef	std err	t	P>|t|	[0.025	0.975]
const	1.2863	0.341	3.774	0.000	0.612	1.960
hsGPA	0.4535	0.096	4.733	0.000	0.264	0.643
ACT	0.0094	0.011	0.875	0.383	-0.012	0.031

Omnibus:	3.056	Durbin-Watson:	1.885
Prob(Omnibus):	0.217	Jarque-Bera (JB):	2.469
Skew:	0.199	Prob(JB):	0.291
Kurtosis:	2.488	Cond. No.	298.

图 1.3 例 1.1 模型拟合结果

例 1.1 多元回归模拟代码汇总如下：

```python
import pandas as pd
import statsmodels.api as sm
data = pd.read_excel('d:/pythondata/gpa1.xls',header = None)
data.rename(columns = {9:'colGPA',10:'hsGPA',11:'ACT'},inplace = True)
data = data[['colGPA','hsGPA','ACT']]
data.head()
exog = data[['hsGPA','ACT']]
exog = sm.add_constant(exog)
data['colGPA']
mod = sm.OLS(data['colGPA'],exog)
res = mod.fit()
res.summary()
```

(三) 结果分析

很明显,如果保持 ACT 不变,$hsGPA$ 每提高 1 分,$colGPA$ 就提高 0.4535 分。而保持 $hsGPA$ 不变,ACT 提高 1 分对 $colGPA$ 的影响只有 0.0094。截距项表示 $hsGPA$ 和 ACT 都等于 0 时学生的大学成绩,这在现实中不太可能,所以此模型的截距项虽有数值,但是没有实际意义。R^2 通常不必自己计算,可以从模型回归结果中直接获取。图 1.3 中的"$R\text{-}squared$ 0.176"就是 R^2 的计算结果。这一结果表明:大学 GPA 波动的 17.6% 可以被高中 GPA 和 ACT 能力指标解释。

1. 一元回归模型散点图和回归直线

通过数据可视化,我们直观地考察被解释变量和解释变量之间的关系。如高中 GPA 与大学 GPA 的关系,可以通过以下代码得到二者散点图和回归直线的展示:

#得到回归结果

```
res1 = sm.OLS(data.colGPA,data.hsGPA).fit()
```

语句 res1 = sm.OLS(data.colGPA,data.hsGPA).fit()是将回归模型和拟合结果融合到一行代码中,对于一元回归完全可以这样简化。

具体的绘图语句及结果如图 1.4 所示。

#如下两行代码可以解决 Python 使用 Matplotlib 绘图无法显示中文的问题

```
plt.rcParams['font.sans-serif'] = ['SimHei']
plt.rcParams['axes.unicode_minus'] = False
```

#绘制散点图

```
plt.scatter(data.hsGPA,data.colGPA)
```

#绘制回归直线

```
plt.plot(data.hsGPA,res1.fittedvalues,color = 'red')
plt.xlabel('高中 GPA')
plt.ylabel('大学 GPA')
```

通过散点图可以观察到,随着高中成绩的上升,大学成绩是整体上升的;通过回归直线可以观察到,回归直线体现出了两类成绩之间的趋势性关系,高中成绩的变化引起大学成绩的变化的量化指标就是回归直线的斜率。

用类似思路和代码可以得到大学 GPA 与学生能力之间的关系图,如图 1.5 所示。

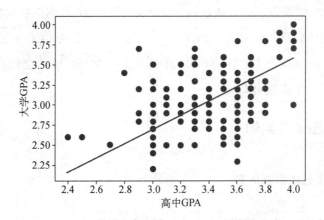

图 1.4　大学 GPA 与高中 GPA 一元回归模型散点图和回归直线

#得到回归结果

res2 = sm.OLS(data.colGPA,data.ACT).fit()

#绘制散点图

plt.scatter(data.ACT,data.colGPA)

#绘制回归直线

plt.plot(data.ACT,res2.fittedvalues,color ='red')

plt.xlabel('ACT')

plt.ylabel('大学 GPA')

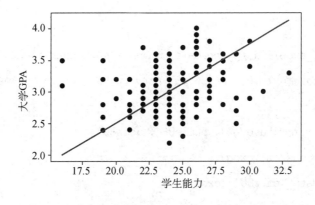

图 1.5　大学 GPA 与学生能力一元回归模型散点图和回归直线

2. 二元回归模型与一元回归模型结果的比较

接着,比较二元回归(多元回归)和一元回归斜率系数的差异。我们很容易通过 res1.

params 得到 $hsGPA$ 的系数 0.895,通过 res2.params 得到 ACT 的系数 0.125,而二元回归的模型中二者的系数分别是 0.4535 和 0.0094。二元回归的系数要小于一元回归的系数,这个结论带有一般性。之所以产生这样的差异,就在于 $hsGPA$ 和 ACT 之间存在着一定的相关性(一个成绩高,另一个成绩也高)。

二、多元回归模型拟合实例

(一) 被拘捕次数的影响因素

 例 1.2　对被拘捕记录的解释(数据 CRIME1.xls)

例 1.2 基于收集了美国某一样本群体某些年度被拘捕入狱相关数据项的数据文件来继续学习如何在 Python 中进行多元回归模型拟合的具体操作。该数据文件不涉及任何特定个人或群体的隐私信息。

例 1.2 的目的是探索在 1986 年被拘捕的次数($narr86$)和某些因素的相关关系,探索结果可以用于支持被拘捕对象的管理以及拘捕相关政策制定等方面。分析的因素包括 1986 年以前被捕定罪的比例(将百分数调整到整数),记作 $pcnv$;此前被宣判的平均刑期长度,记作 $avgsen$;1986 年在监狱月数,记作 $ptime86$;在 1986 年被雇佣时长(季度),记作 $qemp86$。构建多元线性回归模型如下:

$$narr86 = \beta_0 + \beta_1 pcnv + \beta_2 avgsen + \beta_3 ptime86 + \beta_4 qemp86 + u$$

1. 模型模拟代码

与例 1.1 类似,代码如下:

```
data = pd.read_excel('d:/pythondata/crime1.xls',header = None)
data.rename(columns = {0:'narr86',3:'pcnv',4:'avgsen',6:'ptime86',7:'qemp86'},
inplace = True)
exog = data[['pcnv','avgsen','ptime86','qemp86']]
exog = sm.add_constant(exog)
mod = sm.OLS(data['narr86'],exog)
res = mod.fit()
res.summary()
print(res.params)
print(res.ssr)
```

```
print(res.rsquared)
```

除了通过 res.summary()获取结果,我们还可以通过 statsmodels 自带的工具直接读取结果保存在变量中,供后续计算使用。

- res.params:获取各个解释变量的回归系数
- res.ssr:直接获得残差平方和 SSR
- res.rsquared:直接获得 R^2

2. 模型模拟结果

例 1.2 在 Jupyter Notebook 中运行的结果如图 1.6 所示。

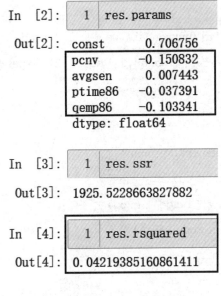

图 1.6　例 1.2 模型回归结果

正如运行结果显示,例 1.2 中 $R^2=0.0422$。虽然 R^2 很小,但是我们不能因此而否定模型价值。模型的偏效应是由回归系数决定的,例 1.2 的回归系数和我们对解释变量影响系数的直觉判断是一致的。例如,此前被判刑对当下的被拘捕次数是有惩戒作用的,有工作能够降低被拘捕次数等。R^2 小意味着试图通过以上变量和数据预测某个人的被拘捕次数的准确率会很低。

(二) 工资影响因素

 例 1.3　工资影响因素模型(数据 WAGE1.xls)

例 1.3基于收集有美国工人工资及其个体特征信息数据项的数据文件来继续巩固

Python 应用操作。例 1.3 根据观测到的工人的数据，研究其工资和受教育程度、工作经验和任职时长的关系。其中，工资用工资的对数值 $log(wage)$ 衡量，也记作 $lwage$；受教育程度用接受正式教育年数衡量，变量名为 $educ$；工作经验用在劳动市场上的总工作年数衡量，变量名为 $exper$；任职时长用任现在职位的年数衡量，变量名为 $tenure$。构建多元线性回归模型如下：

$$log(wage) = \beta_0 + \beta_1 educ + \beta_2 exper + \beta_3 tenure + u$$

1. 模型模拟代码

模型模拟步骤与例 1.2 相似，代码如下：

```
# 加载整理数据

data = pd.read_excel('d:/pythondata/wage1.xls', header = None)
data.rename(columns = {21:'lwage', 1:'educ', 2:'exper', 3:'tenure'}, inplace = True)

# 建立模型并拟合

exog = data[['educ','exper','tenure']]
exog = sm.add_constant(exog)
ols_model = sm.OLS(data['lwage'], exog)
ols_model_result = ols_model.fit()
ols_model_result.summary()

# 显示回归系数

ols_model_result.params
```

2. 模型模拟结果

回归系数分别为：

const	0.284359
educ	0.092029
exper	0.004121
tenure	0.022067

$educ$ 系数的含义为：在其他条件不变的情况下，接受正式教育年数增加 1 年，工资增长 9.2%。需要注意的是，由于被解释变量是对数值，解释变量为实际值（或称水平值），回归系

数含义为水平值变化引起被解释变量变化的百分比。

同样，$exper$ 系数的含义为：在其他条件不变的情况下，正式工作年数每增加 1 年，工资增长 0.4%。可见同样 1 年的时间，投入在教育上的回报要高于单纯地工作相同的时间。

在例 1.3 中，我们还可以计算同时改变不止一个变量的情况下的影响。

如果总工作年限增加 1 年，同时在现在职位上的工作时间也增加 1 年，这两个变量同时变化会产生什么样的影响？总的影响就是两个变量的回归系数之和，可通过 ols_model_result.params[2] + ols_model_result.params[3] 得到系数之和为 0.0262。ols_model_result.params 是一个数据序列，各个参数按序排列，$exper$ 系数是其中第三个数，Python 计数从 0 开始，所以 ols_model_result.params[2] 就代表 $exper$ 的回归系数。我们还可以直接使用.params['变量名'] 的方式引用变量，比如 ols_model_result.params['exper'] 同样代表 $exper$ 的回归系数。

第二章　应用 Python 进行多元统计分析推断

统计推断是根据样本数据推断总体数量特征的方法,例如,在企业经营管理过程中,为了了解客户的偏好,企业不可能了解全部客户的偏好,但是可以通过了解一部分客户偏好(即样本数据)推断全体客户(即总体数据)的偏好。统计推断是在对样本数据进行描述的基础上,对统计总体的未知数量特征做出以概率形式表述的推断。假设检验则是在用样本数据推断总体数据特征时常用的方法,也是一种最基本的统计推断形式。基于小概率事件提出待检验的原假设,通过小概率事件发生的反证法来决定接受或是拒绝原假设。显著性检验是假设检验中最常用的一种方法,常用的假设检验方法有 t 检验、卡方检验、F 检验等。

第一节　多元统计分析推断的基本原理

一、假设检验的重要概念

(一) 原假设和备择假设

我们在生活中经常会遇到对一个总体数据进行评估的问题,但又难以直接统计全部数据,这时就需要从总体中抽出一部分样本,用样本来估计总体情况。假设检验是先对总体参数提出一个假设值,然后利用样本信息判断这一假设是否成立。做假设检验时会设置两个假设:一是原假设,也叫零假设,用 H_0 表示。原假设一般是统计者想要拒绝的假设。原假设的设置一般为:等于($=$)、大于等于($\geqslant$)、小于等于($\leqslant$)。二是备择假设,用 H_1 表示。备择假设是统计者想要接受的假设。备择假设的设置一般为:不等于($\neq$)、大于($>$)、小于($<$)。统计者想要拒绝的假设一般放在原假设是因为原假设被拒绝如果出错的话,只能犯第 I 类错误,而犯第 I 类错误的概率已经被规定的显著性水平所控制。

人们通过样本数据来判断总体参数的假设是否成立,但样本是随机的,因而有可能出现小概率的错误。这种错误分两种,一种是弃真错误,另一种是取伪错误。弃真错误也叫第 I 类错误

或 α 错误,是指原假设实际上是真的,但通过样本估计总体后,拒绝了原假设,弃真错误的概率记为 α。在假设检验之前,我们会规定这个概率的大小。取伪错误也叫第Ⅱ类错误或 β 错误,是指原假设实际上是假的,但通过样本估计总体后,接受了原假设,取伪错误的概率记为 β。

(二) 显著性水平和拒绝域

弃真错误的概率 α 值就是显著性水平。显著性水平是指当原假设实际上正确时,检验统计量落在拒绝域的概率,简单理解就是犯弃真错误的概率。这个值是我们做假设检验之前统计者根据业务情况定好的。显著性水平 α 越小,犯第Ⅰ类错误的概率自然越小,显著性水平一般取值 10%、5% 或 1%。

拒绝域是由显著性水平围成的区域,拒绝域的功能主要用来判断假设检验是否拒绝原假设。检验统计量是据以对原假设和备择假设做出决策的某个样本统计量。如果样本观测计算出来的检验统计量的具体数值落在拒绝域内,就拒绝原假设,否则不拒绝原假设。给定显著性水平 α 后,查统计分布临界值表就可以得到具体临界值,将检验统计量与临界值进行比较,判断是否拒绝原假设。

二、假设检验方法

假设检验步骤一般包括:提出原假设与备择假设;从所研究总体中抽取一个随机样本;构造检验统计量;根据显著性水平确定拒绝域临界值;计算检验统计量与临界值进行比较。

检验方式分为两种:单侧备择假设检验和双侧备择假设检验。单侧备择假设检验是备择假设带有特定的方向性形式为">""<"的假设检验,其中"<"被称为左侧检验,">"被称为右侧检验。双侧备择假设检验是备择假设没有特定的方向性的假设检验,形式为"≠"的这种检验假设被称为双侧检验。

假设检验根据业务数据分为单个总体参数的假设检验和两个总体参数的假设检验,两种假设检验的检验统计量计算方式有所不同。在进行假设检验时抽取的随机样本量也会因业务数据的不同而有大样本和小样本之分。样本量大于等于 30 的样本称为大样本,构造 z 统计量进行检验;样本量小于 30 的样本称为小样本,构造 t 统计量进行检验。

(一) 单个总体参数的大样本假设检验方法

1. 假设形式

双侧检验:$H_0: \mu = \mu_0$;$H_1: \mu \neq \mu_0$。

左侧检验:$H_0: \mu \geq \mu_0$;$H_1: \mu < \mu_0$。

右侧检验:$H_0: \mu \leq \mu_0$;$H_1: \mu > \mu_0$。

其中，μ 为假设的总体均值，μ_0 为真实值。

2. 检验统计量

当 δ 已知时，检验统计量 $z = \dfrac{\bar{x} - \mu_0}{\delta/\sqrt{n}}$；当 δ 未知时，检验统计量 $z = \dfrac{\bar{x} - \mu_0}{s/\sqrt{n}}$。其中，$\bar{x}$ 为样本均值，μ 为假设的总体均值，s 为样本标准差，δ 为总体标准差，n 为样本量。

3. α 与拒绝域

双侧检验：$|z| > z\alpha/2$。

左侧检验：$z < -z\alpha$。

右侧检验：$z > z\alpha$。

4. p 值决策

$p < \alpha$，拒绝 H_0。

（二）单个总体参数的小样本假设检验方法

1. 假设形式

双侧检验：$H_0 : \mu = \mu_0$；$H_1 : \mu \neq \mu_0$。

左侧检验：$H_0 : \mu \geqslant \mu_0$；$H_1 : \mu < \mu_0$。

右侧检验：$H_0 : \mu \leqslant \mu_0$；$H_1 : \mu > \mu_0$。

2. 检验统计量

当 δ 已知时，检验统计量 $t = \dfrac{\bar{x} - \mu_0}{\delta/\sqrt{n}}$；当 δ 未知时，检验统计量 $t = \dfrac{\bar{x} - \mu_0}{s/\sqrt{n}}$。其中，$\bar{x}$ 为样本均值，μ 为假设的总体均值，s 为样本标准差，δ 为总体标准差，n 为样本量。

3. α 与拒绝域

双侧检验：$|t| > t\alpha/[2(n-1)]$。

左侧检验：$t < -t\alpha(n-1)$。

右侧检验：$t > t\alpha(n-1)$。

其中，n 为样本量，$n-1$ 为自由度。

4. p 值决策

$p < \alpha$，拒绝 H_0。

（三）两个总体参数的大样本假设检验方法

1. 假设形式

双侧检验：$H_0 : \mu_1 - \mu_2 = 0$；$H_1 : \mu_1 - \mu_2 \neq 0$。

左侧检验：$H_0: \mu_1 - \mu_2 \geqslant 0$；$H_1: \mu_1 - \mu_2 < 0$。

右侧检验：$H_0: \mu_1 - \mu_2 \leqslant 0$；$H_1: \mu_1 - \mu_2 > 0$。

2. 检验统计量

检验统计量 $\dfrac{(\bar{x}_1 - \bar{x}_2) - (\mu_1 - \mu_2)}{\sqrt{s_1^2/n_1 + s_2^2/n_2}}$，其中，$\bar{x}$ 为两个样本均值，μ_1、μ_2 为两个总体均值，s 为样本标准差，δ 为总体标准差，n_1、n_2 为两个样本量。当总体标准差已知时，用 δ 参与计算更精准。

3. α 与拒绝域

双侧检验：$|z| > z\alpha/2$。

左侧检验：$z < -z\alpha$。

右侧检验：$z > z\alpha$。

4. p 值决策

$p < \alpha$，拒绝 H_0。

（四）Python 计算拒绝域临界值的方法

OLS 的估计量本质上是随机变量，在上一章提到的经典线性假定条件下，如果假设 MLR.1 到假设 MLR.6 成立，则统计量 $t = (\hat{\beta}_i - \beta_i)/se(\hat{\beta}_i)$ 服从自由度为 $n-k-1$ 的 t 分布。这一结论可以用来检验 $\hat{\beta}_i$ 是否等于某一特定值。例如，当检验 $H_0: \beta_i = 0$ 时，上述 t 统计量就退化为 $t = \hat{\beta}_i/se(\hat{\beta}_i)$，即回归系数的估计值除以其标准误。该检验就转化为检验 t 是否远偏离于零，偏离程度越大则原假设被拒绝的可能性越高。由于 t 服从 $n-k-1$ 的 t 分布，"远偏离于零"就意味着该统计量应当处在 t 分布的"尾端"。

为了精确地描述这个问题，我们定义一个拒绝规则，如果达到或超过这个规则就拒绝 H_0。具体就 t 分布而言，就是设定一个临界值 c，当 $t > c$ 时，表明 t 远离 0，或处于 t 分布的"尾端"，则拒绝假设 H_0。c 的确定是由显著性水平决定的，一旦给定了显著性水平，就可以根据 t 分布计算出 c。

Python 计算拒绝域临界值的方法是采用 Python 库 scipy，scipy.stats.t 就是计算 t 分布的相关工具集合。其中，ppf 函数是计算分位数的值，常用语法和参数如 c = scipy.stats.t.ppf$(1-\alpha, df)$，即计算临界值 c，使得自由度为 df 的 t 分布的随机变量小于等于 c 的概率等于 $1-\alpha$。以 $\alpha = 5\%, df = 10$ 为例计算临界值 c，图 2.1 垂直线左侧部分的面积对应的数学表达式为 $P(X \leqslant c) = 1-\alpha$。

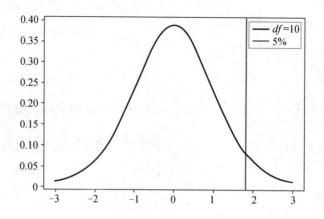

图 2.1 计算临界值 c（以 $\alpha = 5\%$, $df = 10$ 为例）

第二节 单个总体参数的假设检验的 Python 实现

本节只讨论单个总体参数的假设检验的 Python 实现，区分单侧和双侧备择假设假设检验进行应用学习。

一、单侧备择假设的检验

在进行假设检验时，我们首先关心的是回归结果中变量系数是否为零，然后再讨论系数是大于零还是小于零，以及这些结果在统计学意义上是否显著。

如果在进行假设检验时，将原假设设为 $H_0 : \beta_i = 0$，将备择假设设为 $H_1 : \beta_i > 0$ 或 $H_1 : \beta_i < 0$，则这种假设检验属于单侧备择检验。

（一）工资影响因素的进一步探讨

例 2.1 工资影响因素模型（数据 WAGE1.xls）

承例 1.3，回归结果显示工作经历 $exper$ 的斜率系数为 0.0041，本例进一步检验该系数是否为零。

采用单侧备择假设检验方法，即：

$$H_0 : \beta_{exper} = 0; \quad H_1 : \beta_{exper} > 0$$

备择假设设为 $\beta_{exper} > 0$，是因为通常工作经历越久薪酬越高。因为备择假设是单侧假设，所以使用 $t_{\beta_i} > c$，作为单侧检验的拒绝法则，即如果计算结果 t 统计量大于临界值 c，则拒绝原假设。

在 Python 中按照以下步骤完成单侧假设检验过程。

1. 计算样本量

计算样本量所使用的语句如下：

n = len(data)

2. 计算自由度

计算自由度所使用的语句如下：

df = n − 3 − 1

其中，n 为计算出的样本量，3 为本例中的变量个数，1 为 1 个约束条件。

3. 计算 t 统计量

计算 t 统计量所使用的语句如下：

t_exper = ols_model_result.params['exper']/ols_model_result.bse['exper']

其中，.bse 表示 statsmodels 计算的标准误结果的变量，是一个列表（dataframe），记录了所有解释变量包括常数项的标准误，可以通过.bse['变量名']的方式引用；ols_model_result.bse['exper']是 $exper$ 系数的标准误。本例中 t 统计量的计算结果为 2.39。

4. 计算拒绝临界值

计算拒绝临界值所使用的语句如下：

c = stats.t.ppf(1 − 0.05, df)

本例中计算结果为 1.648。

5. 比较 t 统计量和临界值大小

根据计算结果可知，t 统计量大于拒绝临界值，所以拒绝原假设，又因为 $exper$ 斜率系数本身大于零，所以 $exper$ 的斜率系数是显著大于零的。

(二) 学生数学成绩的影响因素

例 2.2　学生数学成绩的影响因素（数据 MEAP93.xls）

例 2.2 基于美国学生数学成绩相关的数据文件继续学习如何应用 Python 进行模型参数的假设检验。数据文件中用于研究标准化数学成绩的影响因素，包括教师年薪、注册学生人数和配备教师数量。构建的多元线性回归模型如下：

$$\widehat{math10} = \beta_0 + \beta_1 totcomp + \beta_2 staff + \beta_3 enroll$$

· $math10$：标准化十分制数学测验成绩

- *totcomp*：平均教师年薪
- *enroll*：注册学生人数
- *staff*：每千名学生配备教师数量

下面用 Python 对这些模型参数进行假设检验以检验统计可靠性。

1. 加载库、导入和整理数据

```python
import pandas as pd
import statsmodels.api as sm
import numpy as np
from scipy import stats
data = pd.read_excel('d:/pythondata/meap93.xls',header = None)
data.rename(columns = {1:'enroll',10:'totcomp',2:'staff',8:'math10'},
inplace = True)
data.exog = pd.DataFrame()
data.exog['enroll'] = data['enroll']
data.exog['totcomp'] = data['totcomp']
data.exog['staff'] = data['staff']
data.exog = sm.add_constant(data.exog)
```

2. 建立模型并计算拟合数据

```python
ols_model = sm.OLS(data.math10,data.exog)
ols_model_result = ols_model.fit()
ols_model_result.summary()
```

3. 对各变量回归系数进行 t 检验——假设值为 0 的情形

```python
#计算样本量

n = len(data)

#确定3个解释变量1个约束条件的自由度

df = n - 3 - 1

#计算在显著性水平为5%的情况下t分布拒绝临界值

c = stats.t.ppf(0.05,df)
print(c)
```

#直接读取 enroll 的 t 统计量数值

```
t_enroll = ols_model_result.tvalues['enroll']
print(t_enroll)
```

#直接读取变量 totcomp 的 t 统计量数值

```
t_totcomp = ols_model_result.tvalues['totcomp']
print(t_totcomp)
```

#直接读取变量 staff 的 t 统计量数值

```
t_totcomp = ols_model_result.tvalues['staff']
print(t_staff)
```

模型拟合后检验变量 *enroll*，我们通过语句 `ols_model_result.params['enroll']` 可以获得变量 *enroll* 的回归系数为 -0.0002。因为该值很小，所以有必要检验其是否为采集数据的偶然性导致的。原假设为 $H_0: \beta_{enroll} = 0$；根据经验，注册学生人数和学习成绩应当是负相关，备择假设为 $H_1: \beta_{enroll} < 0$，此时拒绝法则为 *enroll* 的 t 统计量小于 c。

通过 Python 的 statsmodels 库进行假设检验很方便，因为 t 统计量不需要我们自己计算，可以直接在模型结果中读取，利用"变量名.tvalues"方法即可。运行该方法得到的结果是一个数据框，包括了所有变量和常数项的 t 统计量数值。

const	0.371949
enroll	-0.917935
totcomp	4.570030
staff	1.203593

如果只想获取其中某一个变量的 t 统计量，在 tvalues 方法中使用"['变量名']"即可。本例中，语句 `t_enroll = ols_model_result.tvalues['enroll']` 将 *enroll* 变量的 t 统计量存在 t_enroll 中，运行结果显示 t_enroll = -0.91。而 5% 显著性水平的 t 分布的拒绝临界值是 c = stats.t.ppf(0.05,df)，c = -1.65（见图 2.2）。*t_enroll* 大于 c，所以不能拒绝原假设，$\beta_{enroll} < 0$ 不是统计显著的。

类似，我们可以判断 *totcomp* 和 *staff* 都是统计显著的，即都对 *math*10 有显著影响。

该模型的拟合优度 R^2 不必通过人工计算，可以直接从结果中读取，Python 代码是：

```
ols_model_result.rsquared
```

运行结果显示，该模型的 $R^2 = 0.0541$。

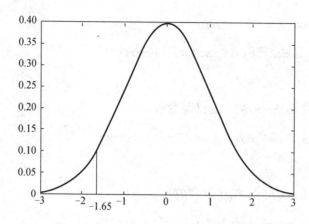

图 2.2　例 2.2 变量 _enroll_ 的拒绝临界值

4. 对各变量回归系数进行 t 检验——假设值不为 0 的情形

如果我们研究 _staff_ 对 _math_10 的具体影响，$\beta_{staff} \neq 0$ 意义不大，我们关心的是 β_{staff} 是否大于 0.01。此时我们的原假设和备择假设分别是：

$$H_0 : \beta_{staff} = 0.01$$

$$H_1 : \beta_{staff} > 0.01$$

此时自动计算的统计量不适用，需要根据公式计算 t 统计量，公式如下：

$$t \text{ 统计量} = \frac{\text{估计值} - \text{假设值}}{\text{标准误}} \tag{2.1}$$

该统计量服从自由度为 $n-k-1$ 的 t 分布（k 为变量个数，1 为 1 个约束条件）。估计值就是回归系数，假设值就是假设检验的值，标准误就是该解释变量的标准误。

估计值直接从回归结果中读取，我们可使用如下语句：

```
ols_model_result.params['staff']
```

计算标准误所使用的语句如下：

```
ols_model_result.bse['staff']
```

根据式 2.1 计算得到新 t 统计量＝0.95，通过语句 stats.t.ppf(0.95,404) 得到自由度 404（408－3－1）的 t 分布在 5% 显著性水平的单侧临界值为 1.65。t 统计量 0.95 小于临界值 1.65，所以不能拒绝原假设，即 _staff_ 对 _math_10 的回归系数大于 0.01 不是显著的。

（三）学生数学成绩影响因素的进一步探讨：对数化模型

例 2.3　学生数学成绩影响因素的进一步探讨：对数化模型（数据 MEAP93.xls）

本例进一步讨论如果不直接使用变量值，而是使用变量的对数值来拟合模型，那各变量之间会是怎样的关系呢？统计显著性和R^2又会怎样变化呢？本例继续基于例 2.2 的数据学习如何应用 Python 得到答案。

1. 构建模型

本例构建对数化的模型如下：

$$\widehat{math10}=\beta_0+\beta_1 log(totcomp)+\beta_2 log(staff)+\beta_3 log(enroll)$$

2. 拟合模型并检验

本例模型和计算过程与例 2.2 类似。我们重新构建一个外生变量数据集 exog2，以区别于例 2.2 中的外生变量数据集 exog，然后重复使用例 2.2 中的代码进行拟合。

```
# 重新组建外生变量数据集
data.exog2 = pd.DataFrame()
# 例 2.2 中代码的重复使用，代码的变量名称和外生变量数据集是本例中新定义的

data['lenroll'] = np.log(data['enroll'])
data.exog2['lenroll'] = data['lenroll']
data['ltotcomp'] = np.log(data['totcomp'])
data.exog2['ltotcomp'] = data['ltotcomp']
data['lstaff'] = np.log(data['staff'])
data.exog2['lstaff'] = data['lstaff']
data.exog2 = sm.add_constant(data.exog2)
ols_model2 = sm.OLS(data.math10,data.exog2)
ols_model_result2 = ols_model2.fit()
ols_model_result2.summary()
t_values = ols_model_result2.tvalues
print(t_values)

# 计算在显著性水平为 5% 的情况下 t 分布拒绝临界值

c2 = stats.t.ppf(0.05,df)
print(c2)

# 计算 R²

r2 = ols_model_result2.rsquared
print(r2)
```

3. 结果解读

对数化模型的 t 统计量结果如下：

```
const     - 4.263893
lenroll   - 1.829256
ltotcomp    5.216313
lstaff      0.949961
```

小于 5% 显著性水平的临界值 $c2$ 为 -1.6486434514768138。

对数化模型的 R^2 为 0.06537759061401804。

对数化模型中 $log(enroll)$ 的 t 统计量为 -1.83，小于 5% 显著性水平的临界值 -1.65（计算方式同上），所以拒绝原假设，即 $\beta_{log(enroll)} < 0$，$log(enroll)$ 的回归系数小于零。

对数化模型的拟合优度 R^2 为 0.0654，大于水平值模型的 R^2（0.0541）。因此，对数化模型更好地解释了 $log(enroll)$ 和 $math10$ 之间的关系。

二、双侧备择假设的检验

如果在进行假设检验时，将原假设设为 $H_0:\beta_i=0$，将备择假设设为 $H_1:\beta_i\neq0$，则这种假设检验属于双侧备择假设检验。

双侧备择假设检验与单侧备择假设检验的主要差异在于处理拒绝域的临界值不同。

 例 2.4 大学 GPA 影响因素的进一步探讨（数据 GPA1.xls）

承例 1.1，本例进一步讨论大学 GPA 的影响因素，并继续巩固如何应用 Python 进行分析。本例准备进一步检验高中成绩（$hsGPA$）、每周缺课次数（$skipped$）和大学能力测验分数（ACT）对大学成绩（$colGPA$）的影响，构建模型如下：

$$\widehat{colGPA}=\beta_0+\beta_1hsGPA+\beta_2ACT+\beta_3skipped$$

本例中第一步和第二步与例 2.2 类似。

1. 加载库、导入和整理数据

```python
import pandas as pd
import statsmodels.api as sm
import numpy as np
from scipy import stats
import matplotlib.pyplot as plt
```

```
data = pd.read_excel('d:/pythondata/gpa1.xls',header = None)
data.rename(columns = {9:'colGPA',10:'hsGPA',11:'ACT',24:'skipped'},
inplace = True)
data.exog = pd.DataFrame()
data.exog['hsGPA'] = data['hsGPA']
data.exog['ACT'] = data['ACT']
data.exog['skipped'] = data['skipped']
data.exog = sm.add_constant(data.exog)
```

2. 建立模型并计算拟合数据

```
ols_model = sm.OLS(data.colGPA,data.exog)
ols_model_result = ols_model.fit()
ols_model_result.summary()
```

3. 对各变量回归系数进行假设检验——双侧检验

双侧检验的备择假设是 $H_1 : \beta_{enroll} \neq 0$，就要考虑 t 统计量很大程度偏离零的情形，包括远大于零和远小于零两种情况。

给定显著性水平 α，双侧检验的拒绝域就是 $\alpha/2$，双侧检验的示意图如图 2.3 所示。

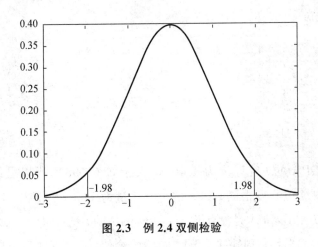

图 2.3　例 2.4 双侧检验

```
# 计算样本量
n = len(data)
# 确定 3 个解释变量 1 个约束条件的自由度
df = n - 3 - 1
```

#直接读取 t 统计量数值

```
t_values = ols_model_result.tvalues
print(t_values)
```

#计算在显著性水平为 5% 的情况下的 t 分布双侧拒绝临界值

```
c1 = stats.t.ppf(0.05/2,df)
c2 = stats.t.ppf(1 − 0.05/2,df)
print(c1,c2)
```

#显示回归系数

```
print(ols_model_result.params)
```

4. 结果解读

t 统计量结果如下：

const	4.191039
hsGPA	4.396259
ACT	1.393319
skipped	− 3.196840

回归系数结果如下：

const	1.389554
hsGPA	0.411816
ACT	0.014720
skipped	− 0.083113

根据计算，$hsGPA$ 的 t 统计量为 4.40，远大于 $c2$ (1.98)，所以是统计显著的，说明高中成绩和大学成绩关联度很高；ACT 的 t 统计量为 1.39，小于 1.98，所以是统计不显著的。换言之，ACT 对 $colGPA$ 是没有影响的。$skipped$ 的 t 统计量为−3.20，小于 $c1$ (−1.98)，所以是统计显著的，即平均每周缺课次数增加 1 次，会使 $colGPA$ 下降 0.083。

三、p 值计算

(一) p 值概念

p 值是在给定 t 统计量的观测值后，能够拒绝原假设的最小显著性水平，即在原假设是正确的情况下,特定 t 分布的随机变量大于 t 统计量观测值的概率。

单侧检验的 p 值计算:

$$p \text{ 值}=P(T>t_{\text{观测值}}) \text{ 或 } p \text{ 值}=(T<t_{\text{观测值}})$$

双侧检验的 p 值计算:

$$p \text{ 值}=P(|T|>|t_{\text{观测值}}|)=2P(T>t_{\text{观测值}}),t>0 \text{ 或 }=2P(T<t_{\text{观测值}}),t<0$$

(二) Python 计算代码

在 Python 中,利用 statsmodel 分布函数的 cdf 函数可以计算以上概率。

1. 先分别计算样本量、自由度和 t 统计量

#计算样本量

n = len(data)

#确定 3 个解释变量 1 个约束条件的自由度

df = n - 3 - 1

#计算 t 统计量

t_hsGPA = ols_model_result.tvalues['hsGPA']

用例 2.4 中的数据得到 $hsGPA$ 的 t 统计量值为 4.396。

2. 再计算 p 值

单侧检验的 p 值计算语句为:

cdf(t$_{\text{观测值}}$, df)

双侧检验的 p 值计算语句为:

1 - stats.t.cdf(t$_{\text{观测值}}$, df)

在进行检验时,用计算出的例 2.4 中 $hsGPA$ 的 t 统计量值 4.396 代替 $t_{\text{观测值}}$。df 为被检验变量的自由度,此处为变量 $hsGPA$ 的自由度,可通过计算确定 $df=n-3-1$,而 $n=len(data)$。

所以,例 2.4 中 $hsGPA$ 的 p 值(双侧检验)$=P(|T|>4.396)=2P(T>4.396)$。其中,$P(T>4.396)$计算方法是使用语句 1 - stats.t.cdf(4.396,df)得到的,其值为 1.097e-05,是一个非常小的值,所以 $hsGPA$ 的 p 值很小,能够在很小的显著性水平上显示出统计显著性。

第三节 置信区间

一、置信区间的计算方法

（一）置信区间的含义

使用样本估计总体时，最常见的问题是样本能在多大程度上代表总体。这个问题的本质就是想知道数据统计的误差范围是多少。在统计概率中有个专门的名称来表示误差范围，叫置信区间。置信区间一般用中括号[a, b]表示样本估计总体平均值误差范围的区间。a、b 的具体数值取决于对"该区间包含总体均值"这一结果的可信程度。

一般来说，选定某一个置信区间的目的是让"a 和 b 之间包含总体平均值"的结果有一特定的概率，这个概率就是置信水平。例如，最常用的 95% 置信水平，就是说做 100 次抽样，有 95 次包含了总体均值。

（二）置信区间的计算步骤和公式

置信区间的计算步骤如下：
（1）首先明确要求解的问题。
（2）求抽样样本的平均值与标准误差。
（3）确定需要的置信水平。
（4）查 z 值表，求 z 值。
（5）计算置信区间[a, b]。

其中，a = 样本均值 $-z\times$ 标准误差，即 $a = \bar{x} - z\dfrac{s}{\sqrt{n}}$；$b$ = 样本均值 $+z\times$ 标准误差，即 $b = \bar{x} + z\dfrac{s}{\sqrt{n}}$。用公式表示的置信区间为 $\left[a = \bar{x} - z\dfrac{s}{\sqrt{n}}, \ b = \bar{x} + z\dfrac{s}{\sqrt{n}}\right]$。

二、Python 中置信区间的计算

在进行参数检验时，对每一个参数构造一个置信区间，从而给出参数估计值的范围而不是一个点，这更有现实意义。给定置信水平，根据估计值确定真实值可能出现的区间范围，该区间通常以估计值为中心，即置信区间。

(一) 通过模型回归获取各参数在 95%置信水平上的置信区间

Statsmodels 的回归结果自动给出了置信区间的计算结果,可以直接读取,如例 2.5 所示。

 例 2.5　研发支出模型(数据 RDCHEM.xls)

本例探讨研发支出与销售收入和利润之间的关系。本例选用的是美国与企业研发支出相关的数据文件来学习 Python 应用操作,其中,研发支出和销售收入、利润的数据单位为百万美元。构建模型如下:

$$\widehat{lrd} = \beta_0 + \beta_1 lsales + \beta_2 profmarg$$

- lrd:研发支出的对数
- $lsales$:销售收入的对数
- $profmarg$:利润率(利润占销售收入比)

代码如下:

```
import pandas as pd
import statsmodels.api as sm
import numpy as np
from scipy import stats
data = pd.read_excel('d:/pythondata/rdchem.xls',header = None)
data.rename(columns = {7:'lrd',6:'lsales',4:'profmarg'},inplace = True)
data.exog = pd.DataFrame()
data.exog['lsales'] = data['lsales']
data.exog['profmarg'] = data['profmarg']
data.exog = sm.add_constant(data.exog)
ols_model = sm.OLS(data.lrd,data.exog)
ols_model_result = ols_model.fit()
ols_model_result.summary()
n = len(data)

#计算 2 个解释变量的自由度

df = n - 2 - 1

#获取各参数在 95%置信水平上的置信区间
```

```
ols_model_result.conf_int()
```

语句 ols_model_result.conf_int() 可以直接读取 95% 置信水平的置信区间,运行结果如下:

	0	1
const	− 5.335544	− 3.421155
lsales	0.961117	1.207339
profmarg	− 0.004483	0.047801

其中,"0"和"1"分别代表置信区间的下界和上界。需要注意的是,系统提供的是 95% 置信水平的区间估计。

(二) 通过公式单独计算特定参数特定置信水平的置信区间

如果要获得其他置信水平的置信区间,可以通过系统提供的参数自行计算。一个 $[100(1-\alpha)]\%$ 置信度的置信区间的构造公式为:

$$\hat{\beta}_i \pm c \cdot se(\hat{\beta}_i) \tag{2.2}$$

式 2.2 中,c 是 t 分布的 $100(1-\alpha/2)$ 百分位数;$se()$ 为标准误。这些参数都可以从回归结果中直接读取,也可以通过公式单独计算获得。

作为验证,我们计算 95% 置信水平的 *lsales* 的置信区间。分步读取数据,使用上述公式进行计算,代码如下:

#计算 lsales 的估计值

```
w_lsales = ols_model_result.params['lsales']
```

#计算 lsales 的标准误

```
se_lsales = ols_model_result.bse['lsales']
```

#计算 t 分布的 100(1-α/2)

```
c = stats.t.ppf(1 - 0.05/2, df)
```

#分别计算置信区间的上界和下界

```
(ci1,ci2) = (w_lsales − c * se_lsales, w_lsales + c * se_lsales)
```

计算结果如图 2.4 所示,与系统给出的结果一致。这个置信区间不包括零,所以在 95% 置信水平上 *lsales* 的回归系数是大于零的,但是不能拒绝大于 1 的假设。

```
In [5]:  1  # 使用公式分步计算：95%置信水平的lsales的置信区间
         2  w_lsales=ols_model_result.params['lsales'] #估计值
         3  se_lsales=ols_model_result.bse['lsales'] #标准误
         4  c=stats.t.ppf(1-0.05/2,df)  # 97.25百分位数
         5  (ci1,ci2)=(w_lsales-c*se_lsales,w_lsales+c*se_lsales) #分别计算置信区间的上界和下界
         6  print((ci1,ci2))
```

(0.9611172752240322, 1.2073389175320197)

图 2.4　分步计算 95% 置信水平下 *lsales* 的置信区间

第四节　线性组合假设检验

一、两个参数的线性组合假设检验

有时，我们需要判断第二个解释变量 x_2 是否比第一个解释变量 x_1 的影响更大。此时原假设为 $H_0:\beta_1=\beta_2$；$H_1:\beta_1<\beta_2$。而备择假设就是 $H_1:\beta_1<\beta_2$。下面以工资模型为例来讨论在这种情况下如何进行假设检验。

例 2.6　考察工资模型（TWOYEAR.xls）

本例关注的问题是：读本科的工资回报率是否高于读专科的。构建模型如下：

$$log(wage)=\beta_0+\beta_1 jc+\beta_2 univ+\beta_3 exper+u$$

其中，jc 是读专科的年数；$univ$ 是读本科的年数；$exper$ 是工作年限。问题的原假设为 $H_0:\beta_{jc}=\beta_{univ}$，根据经验，备择假设为 $H_1:\beta_{jc}<\beta_{univ}$。

（一）通过线性变换构造新变量

上述假设可以转化为 $H_0:\beta_{jc}-\beta_{univ}=0$；$H_1:\beta_{jc}-\beta_{univ}<0$。

但是，将 $\beta_{jc}-\beta_{univ}$ 作为随机变量的 t 统计量的标准误计算比较困难。鉴于这是两个参数的线性组合，我们可以通过线性变换的方法，巧妙地得到这个新随机变量的回归系数和标准误。令 $\theta=\beta_{jc}-\beta_{univ}$，代入工资模型方程，整理得到：

$$log(wage)=\beta_0+\theta jc+\beta_2(jc+univ)+\beta_3 exper+u$$

这个方程中 θ 的估计值和标准误正是我们要求的 $\beta_{jc}-\beta_{univ}$ 的估计值和标准误。同时将"$jc+univ$"当作一个变量估计，可以解释为接受高等教育的总时间。

（二）新模型模拟和假设检验结果

1. 导入并整理数据

data = pd.read_excel('d:/pythondata/twoyear.xls',header = None)

```
data.rename(columns = {10:'lwage',7:'exper',8:'jc',9:'univ'},inplace = True)
data['totcoll'] = data.jc + data.univ
```

其中，语句 data['totcoll'] = data.jc + data.univ 用于构造新的变量 $totcoll$，表示专科本科的总时长。

2. 建模并拟合数据

```
exog = data[['jc','totcoll','exper']]
exog = sm.add_constant(exog)
ols_model = sm.OLS(data['lwage'],exog)
ols_model_result = ols_model.fit()
ols_model_result.summary()
```

3. 分析数据

计算 t 统计量和 p 值，做出判断。

```
#计算自由度

n = len(data)
df = n - 3 - 1

#计算 t 统计量

t_jc = ols_model_result.params['jc']/ols_model_result.bse['jc']

#计算 p 值

p_value = stats.t.cdf(t_jc,df)
```

新方程中变量 jc 的回归系数就是变量 θ，t 统计量是 jc 的回归系数和标准误二者之商。结果显示，jc 的 t 统计量为 -1.47，p 值为 0.071。该结果在 10% 的显著性水平下是显著的，拒绝原假设；但在 5% 的显著性水平下是不显著的，不能拒绝原假设。这说明存在不是很强的证据拒绝原假设，即在其他条件相同的情况下，本科教育的收益高于专科教育的收益。

二、多个线性组合的假设检验

有时，我们需要判断一个解释变量是否"真的"对被解释变量有影响。如果没有影响，则应当将其从模型中剔除。例如，有 5 个解释变量，如果我们怀疑其中第 3 至第 5 个变量对因变量没有影响，那么这 3 个变量就称为"排除性约束"。排除性约束对因变量没有影响，所以原假设为 $H_0: \beta_3 = 0, \beta_4 = 0, \beta_5 = 0$，这是一种多重假设检验或联合假设检验。而备择假设就是原假设不正确,即 β_3,β_4,β_5 任何一个不等于零就拒绝原假设。

(一) 多重假设检验的步骤

多重假设检验的步骤如下:

(1) 计算含有所有变量的模型(称为非约束模型)的 SSR_{ur}。

(2) 剔除排除性约束变量后(称为约束模型)的 SSR_r。

(3) 构造 F 统计量。

统计量的构造为:

$$F = \frac{(SSR_r - SSR_{ur})/q}{SSR_{ur}/(n-k-1)} \tag{2.3}$$

其中,k 为不受约束变量个数,即所有变量个数;q 为两个模型自由度之差,$q = df_r - df_{ur}$。

(4) 在给定显著性水平下检验或计算 p 值检验。

(二) 棒球大联盟球员薪水影响因素

例 2.7 棒球大联盟球员薪水例子(数据 MLB1.xls)

球员薪酬的影响因素包括加入联盟年限,每年参加比赛数以及球员表现(击球率、本垒打次数、击球跑垒得分)。本例只研究在控制年限和比赛数后,球员表现的三个变量和薪酬水平的相关性。

非约束模型:

$$log(\widehat{salary}) = \beta_0 + \beta_1 years + \beta_2 gamesyr + \beta_3 bavg + \beta_4 hrunsyr + \beta_5 rbisyr \tag{2.4}$$

约束模型:

$$log(\widehat{salary}) = \beta_0 + \beta_1 years + \beta_2 gamesyr \tag{2.5}$$

- $years$:加入联盟年限
- $gamesyr$:每年比赛次数
- $bavg$:击球率
- $hrunsyr$:本垒打次数
- $rbisyr$:击球跑垒得分

1. 操作步骤与代码

导入并整理数据,按照步骤进行假设检验。

```
import pandas as pd
```

```
import statsmodels.api as sm
import numpy as np
from scipy import stats
import matplotlib.pyplot as plt


data = pd.read_excel('d:/pythondata/mlb1.xls',header = None)
data.rename(columns = {46:'lsalary',3:'years',30:'gamesyr',12:'bavg',31:
'hrunsyr',35:'rbisyr'},inplace = True)
```

非约束模型

```
exog = data[['years','gamesyr','bavg','hrunsyr','rbisyr']]
exog = sm.add_constant(exog)


ols_model = sm.OLS(data.lsalary,exog)
ols_model_result = ols_model.fit()
ols_model_result.summary()
```

计算非约束模型自由度

```
n = len(data)
df = n - 5 - 1
```

约束模型

```
exog_r = data[['years','gamesyr']]
exog_r = sm.add_constant(exog_r)
ols_model_r = sm.OLS(data.lsalary,exog_r)
ols_model_result_r = ols_model_r.fit()
ols_model_result_r.summary()
```

计算约束模型自由度

```
df_r = n - 2 - 1
```

计算 F 统计量
先计算约束模型的 SSR

```
ssr_r = ols_model_result_r.ssr
```

#*再计算非约束模型的 SSR*

```
ssr_ur = ols_model_result.ssr
q = df_r - df
```

#*根据公式计算 F 统计量*

```
F = (ssr_r - ssr_ur)/ssr_ur * (n - 5 - 1)/q
```

#*F 分布检验*
#*计算 10% 显著性水平的拒绝域临界值*

```
c10 = stats.f.ppf(0.9, q, df)
```

#*计算 5% 显著性水平的拒绝域临界值*

```
c5 = stats.f.ppf(0.95, q, df)
```

#*计算 1% 显著性水平的拒绝域临界值*

```
c1 = stats.f.ppf(0.99, q, df)
```

10%、5% 和 1% 显著性水平的拒绝域临界值分别是 2.10、2.63 和 3.84。F 统计量 $=$ 9.55，大于 1% 的临界值，所以即使是在 1% 的显著性水平下，也能够拒绝原假设，即不能够说球员场上表现与薪酬无关。

我们可以计算 F 统计量的 p 值，方法和前文 t 统计量类似：

```
p_value = 1 - stats.f.cdf(F, q, df)
```

F 分布需要 2 个自由度，分别是 F 统计量分子和分母的自由度。

2. 定义联合 F 分布的 Python 函数

由于我们经常会用到这种联合 F 分布，为了使用方便，可以将上述代码适当修改，加装为一个 Python 函数。那么下次使用的时候，只需要调用这个函数，输入相应参数，这样可以大大提高效率。

在 Python 中函数的定义遵循以下模式：

```
def 函数名(变量……):
    计算过程
    return(计算结果)
```

在调用函数的时候，即在使用函数时，只要执行"函数名(变量……)"的命令即可。

　　我们将上述计算中的具体数据改为一般性的变量,后续计算过程通过引用这些变量代替具体数值,这样就形成一般性的函数了。

　　在 Python 中定义联合 F 分布函数的具体代码如下:

```
def test_multiple_linear_restriction(data,y,restricted,unrestricted):
```

#非约束模型

```
exog = data[unrestricted]
```

```
exog = sm.add_constant(exog)
```

```
ols_model = sm.OLS(data[y],exog)
```

```
ols_model_result = ols_model.fit()
```

```
n = len(data)
```

```
df = n - len(unrestricted) - 1
```

#约束模型

```
exog_r = data[restricted]
```

```
exog_r = sm.add_constant(exog_r)
```

```
ols_model_r = sm.OLS(data[y],exog_r)
```

```
ols_model_result_r = ols_model_r.fit()
```

```
df_r = n - len(restricted) - 1
```

#计算 F 统计量

#先计算约束模型的 SSR

```
ssr_r = ols_model_result_r.ssr
```

#然后计算非约束模型的 SSR

```
ssr_ur = ols_model_result.ssr
```

#计算自由度

```
q = df_r - df
```

#根据公式计算 F 统计量

```
F = (ssr_r - ssr_ur)/ssr_ur * (n - len(unrestricted) - 1)/q
```

#根据公式计算 p 值

```
p_value = 1 - stats.f.cdf(F,q,df)
```

#计算 10%显著性水平的拒绝域临界值

c10 = stats.f.ppf(0.9,q,df)

#计算 5%显著性水平的拒绝域临界值

c5 = stats.f.ppf(0.95,q,df)

#计算 1%显著性水平的拒绝域临界值

c1 = stats.f.ppf(0.99,q,df)

return(F,c1,c5,c10)

"def"是 Python 中用于自定义函数的语句。

test_multiple_linear_restriction(data,y,restricted,unrestricted)语句中的 test_multiple_linear_restriction 是函数名,(data,y,restricted,unrestricted)是需要的各种变量。其中,data 是数据表;y 是被解释变量;restricted 是约束模型的字段名称列表;unrestricted 是非约束模型的字段名称列表。

例如,在例 2.7 棒球大联盟球员薪酬影响因素例子中的各个变量具体数值为:

• restricted:['years','gamesyr'],该变量的数据类型是一个列表

• unrestricted:['years','gamesyr','bavg','hrunsyr','rbisyr'],该变量的数据类型是一个列表

• y:'lsalary',该变量的数据类型是一个字符串

自定义的函数使用起来非常方便,在确定了上述参数后,直接代入函数中即可。

restricted = ['years','gamesyr']

unrestricted = ['years','gamesyr','bavg','hrunsyr','rbisyr']

y = 'lsalary'

test_multiple_linear_restriction(data,y,restricted,unrestricted)

使用此处自定义的联合 F 分布函数计算的结果和例 2.7 中的分步骤计算是相同的。我们可以在以后几章的内容中,使用该函数进行多重线性的 F 检验。

(三) 孩子出生体重影响因素

在进行多重假设检验时,除了可以利用上述方法计算 F 统计量(也称残差平方和型 F 统计量),还有一种更为简便的计算 F 统计量的方法——R^2 型 f 统计量。

$$F = \frac{(R_{ur}^2 - R_r^2)(n-k-1)}{(1-R_{ur}^2)q}$$

下面,我们以孩子出生体重模型和父母受教育程度为 R^2 型 F 统计量的应用实例。

 例 2.8 孩子出生体重模型和父母受教育程度(数据 BWGHT.xls)

本例数据包括婴儿出生时体重磅数 *bwght*,目前怀孕期间平均每天的抽烟数量 *cigs*,婴儿在所有子女中的排行 *parity*,家庭收入 *faminc*,母亲和父亲的受教育程度 *motheduc* 和 *fatheduc*。孩子出生体重模型为:

$$bwght = \beta_0 + \beta_1 cigs + \beta_2 parity + \beta_3 faminc + \beta_4 mothereduc + \beta_5 fatheduc + u$$

本例重点关注的是在控制其他变量情况下,父母的受教育程度对婴儿出生体重是否有影响,即:

$$H_0 : \beta_4 = 0, \ \beta_5 = 0$$

我们通过 R^2 型 F 统计量进行联合显著性检验。

1. 导入和整理数据

```
data = pd.read_excel('d:/pythondata/bwght.xls',header = None)
data.rename(columns = {9:'cigs',6:'parity',0:'faminc',4:'fatheduc',5:'motheduc',3:'bwght'},inplace = True)
```

#将"."替换为缺省值

```
data = data.replace('.',np.nan)
data = data.dropna()
```

数据文件中"fatheduc"一列数据有缺失,而且缺失的数据用"."代替,我们要剔除这些数据。先要把"."转变为 Pandas 能够识别的缺失值,执行语句 data = data.replace('.', np.nan),然后用代码 data = data.dropna()剔除缺失值。剔除后,数据从原来的 1 388 条减少到 1 191 条。

2. 建模并分析

我们在残差平方和型 F 统计量的基础上,略作修改就可以得到 R^2 型 F 统计量。函数代码可以在前例定义的残差平方和型 F 统计量函数的基础上修改获得。

```
def test_multiple_linear_restriction_rsquared(data,y,restricted,unrestricted):
```

#非约束模型

```
exog = data[unrestricted]
exog = sm.add_constant(exog)
```

```
ols_model = sm.OLS(data[y],exog)
ols_model_result = ols_model.fit()
n = len(data)
df = n − len(unrestricted) − 1
```

#约束模型

```
exog_r = data[restricted]
exog_r = sm.add_constant(exog_r)
ols_model_r = sm.OLS(data[y],exog_r)
ols_model_result_r = ols_model_r.fit()
df_r = n − len(restricted) − 1
```

#计算 F 统计量
#计算约束模型的 R^2

```
r2_r = ols_model_result_r.rsquared
```

#计算非约束模型的 R^2

```
r2_ur = ols_model_result.rsquared
q = df_r − df
```

#根据公式计算 F 统计量

```
F = (r2_ur − r2_r)/(1 − r2_ur) * (n − len(unrestricted) − 1)/q
```

#计算 p 值

```
p_value = 1 − stats.f.cdf(F,q,df)
```

#计算 10% 显著性水平的拒绝域临界值

```
c10 = stats.f.ppf(0.9,q,df)
```

#计算 5% 显著性水平的拒绝域临界值

```
c5 = stats.f.ppf(0.95,q,df)
```

#计算 1% 显著性水平的拒绝域临界值

```
c1 = stats.f.ppf(0.99,q,df)
return (F,p_value,c1,c5,c10)
```

整个函数和例 2.7 类似，只是 F 统计量的计算方法改变了。

restricted = ['cigs','parity','faminc']

unrestricted = ['cigs','parity','faminc','motheduc','fatheduc']

y = ['bwght']

test_multiple_linear_restriction_rsquared(data,y,restricted,unrestricted)

代入变量计算结果显示，F 统计量＝1.437，小于 5% 和 10% 显著性水平临界值，同时 p 值为 0.238，所以统计上是不显著的，说明新生儿体重和父母的受教育程度无关。

另外，我们也可以验证两种 F 统计量在这个问题上的计算结果是完全一样的。

第三章　应用 Python 拟合多元非线性回归模型

模型按线性关系可划分为线性模型和非线性模型，其中线性模型又分为解释变量线性模型和参数线性模型两种。但是建立线性回归模型有很多前提条件，在实际业务场景下，变量之间关系复杂，因变量和自变量之间很多时候并非呈现线性关系，如税收和税率的关系，生产产出和投入的劳动和资本之间的关系等。如果强行建立线性回归模型，不符合业务实际情况，会影响模型预测的准确性。非线性模型就是为了解决此类数据关系而构建的，包括对数模型、二次函数模型等。本章关注如何应用 Python 来拟合常见多元非线性回归模型。

第一节　标准化回归模型

由于不同自变量的单位不同，即使是多元线性回归模型也不能单纯根据回归系数大小判断各自变量对因变量的影响程度。如何判断众多自变量对因变量的解释能力大小是本节要讨论的问题。

判断众多自变量对因变量的解释能力大小可以通过剔除各个变量的单位差异得到，变量标准化就是这样一种方法。变量标准化后记作 z 评分（z-score），变量标准化公式为：

$$z = \frac{x - \text{均值}}{\text{标准差}}$$

变量经过标准化变换后组成的新回归模型为：

$$z_y = \dot{b}_1 z_1 + \dot{b}_2 z_2 + \cdots + \dot{b}_k z_k + \text{误差}$$

注意：标准化变换后的新回归模型没有截距项，而且模型中的变量也没有单位度量值的概念了，此时可以用"每变动一个标准差带来因变量多大变化"这种方式来衡量自变量对因变量的影响。新回归模型模拟结果的具体解读为：如果对应自变量 x_i 的数值增加 1 倍标准差，则因变量将变化 $\dot{b}_i$ 倍的标准差。

下面通过住房价格的影响因素实例数据讨论如何应用 Python 模拟变量标准化回归模型。

例 3.1　住房价格的影响因素（数据 HPRICE1.xls）

本例研究住房价格的影响因素，且因为是基于美国的数据进行应用操作学习，本例中涉及的房屋价格及房屋特征等是美国背景的数据。本例重点分析的变量包括房价 $price$、犯罪率 $crime$、污染物含量 nox、每栋房屋含有的平均房间数 $rooms$、到 5 个就业中心的平均距离 $dist$、平均生师比率 $stratio$。变量标准化前回归模型为：

$$price = \beta_0 + \beta_1 crime + \beta_2 nox + \beta_3 rooms + \beta_4 dist + \beta_5 stratio + u$$

一、构建变量标准化函数

本例使用 NumPY 自带的函数 std() 和 mean() 计算标准差和均值，然后构建一个函数专门处理标准化。

```python
import pandas as pd

import statsmodels.api as sm

import numpy as np

from scipy import stats

import matplotlib.pyplot as plt

data = pd.read_excel('d:/pythondata/hprice1.xls',header = None)

data.rename(columns = {0:' price ',1:' crime ',2:' nox ',3:' rooms ',4:' dist ',7:
' stratio'},inplace = True)

#构建变量标准化处理函数

def standardize(x):

z = (x - np.mean(x))/np.std(x)

return z
```

二、对各变量标准化处理后构建新模型回归

```python
#将标准化后的数据存入 dt

dt = pd.DataFrame()

#对变量数据逐列标准化

for i in data.columns:

    dt[i] = standardize(data[i])
```

#对变量标准化后的新模型进行回归

exog = dt[['nox','crime','rooms','dist','stratio']]

ols_model = sm.OLS(dt['price'],exog)

ols_model_result = ols_model.fit()

ols_model_result.summary()

语句 for i in data.columns：用于获取 data 的所有变量名称。执行语句 dt[i] = standardize(data[i])，目的是将 data 每一列（变量）标准化，再将标准化后的值存入 dt 中名称为 i 的列中。

三、变量标准化模型回归结果

回归结果如图 3.1 所示。

	coef	std err	t	P>|t|	[0.025	0.975]
nox	-0.3404	0.044	-7.651	0.000	-0.428	-0.253
crime	-0.1433	0.031	-4.669	0.000	-0.204	-0.083
rooms	0.5139	0.030	17.129	0.000	0.455	0.573
dist	-0.2348	0.043	-5.464	0.000	-0.319	-0.150
stratio	-0.2703	0.030	-9.027	0.000	-0.329	-0.211

图 3.1　例 3.1 模型结果

由于各变量都是无量纲的，从回归结果可以看出，污染物含量（*nox*）每增加 1 个标准差会使房价下降 0.34 个标准差，而犯罪率（*crime*）每提高 1 个标准差仅使房价下降 0.14 个标准差。所以，污染物含量对房价的影响要大于犯罪率对房价的影响。

第二节　含有其他形式的回归模型

一、含有对数的回归模型

有些场景下，因变量和自变量之间的关系不是线性关系。例如，当因变量是对数形式而自变量是水平值时，如果要回答在固定其他变量的情况下某一个自变量变化时对应的因变量如何变化这一问题，这时仍旧可以通过构建变量标准化模型的方法来进行，不过模型回归结果解释会不同。对数形式下自变量和因变量之间的准确关系应表述为 $\Delta \widehat{log(y)} = \hat{\beta}_i \Delta x_i$，回归结果可以依据 $\Delta y = 100 \Delta log(y)$ 得出近似的解释。此时，回归系数的 β 经常被解释为：在其他变量不变的情况下，自变量每提高 1 个单位，因变量会变化百分之 β。

承例 3.1，下面构建因变量对数的回归模型，并应用 Python 讨论对数形式的模型拟合和回归结果，继续巩固标准化模型的回归。

(一) 模型构建与拟合

```python
import pandas as pd
import statsmodels.api as sm
import numpy as np
from scipy import stats
import matplotlib.pyplot as plt


data = pd.read_excel('d:/pythondata/hprice1.xls',header = None)
data.rename(columns = {9:'lprice',1:'crime',2:'nox',3:'rooms',4:'dist',7:'stratio'},inplace = True)
#标准化处理的函数
def standardize(x):
    z = (x - np.mean(x))/np.std(x)
    return z

#将标准化后的数据存入 dt

dt = pd.DataFrame()

#对数据逐列标准化

for i in data.columns:
    dt[i] = standardize(data[i])
#标准化后的变量进行回归

exog = dt[['nox','crime','rooms','dist','stratio']]
ols_model = sm.OLS(dt['price'],exog)
ols_model_result = ols_model.fit()
ols_model_result.summary()
```

(二) 结果解读

模型回归结果如图 3.2 所示。

	coef	std err	t	P>|t|	[0.025	0.975]
nox	-0.3601	0.043	-8.297	0.000	-0.445	-0.275
crime	-0.2851	0.030	-9.524	0.000	-0.344	-0.226
rooms	0.4129	0.029	14.111	0.000	0.355	0.470
dist	-0.1845	0.042	-4.400	0.000	-0.267	-0.102
stratio	-0.2442	0.029	-8.360	0.000	-0.302	-0.187

图 3.2 例 3.1 对数形式模型结果

变量标准化后,虽然各变量都是无量纲的,但是因为因变量是对数形式,所以对回归结果的解释不同。从回归结果可以看出,污染物含量每增加 1 个标准差,房价会下降 36% 个标准差,而犯罪率每提高 1 个标准差会使房价下降 28% 个标准差。

二、含有二次函数形式的回归模型

 例 3.2 住房价格影响因素的进一步探讨 (数据 HPRICE1.xls)

承例 3.1,将房间数的二次函数形式作为一个变量加入到模型中,构建含有二次函数形式的回归模型,然后应用 Python 进行模拟。

(一) 模型构建与拟合

```
import pandas as pd

import statsmodels.api as sm

import numpy as np

from scipy import stats

import matplotlib.pyplot as plt


data = pd.read_excel('d:/pythondata/hprice1.xls', header = None)

data.rename(columns = {9:'lprice',10:'lnox',3:'rooms',4:'dist',7:'stratio'},
inplace = True)

data['roomssq'] = np.sqrt(data['rooms'])
```

```
data['ldist'] = np.log(data['dist'])
```

#标准化处理的函数

```
def standardize(x):
z = (x − np.mean(x))/np.std(x)
return z
```

#将标准化后的数据存入 dt

```
dt = pd.DataFrame()
```

#对数据逐列标准化

```
for i in data.columns:
    dt[i] = standardize(data[i])
```

#对标准化后的变量进行回归

```
exog = dt[['lnox','ldist','rooms','roomssq','stratio']]
ols_model = sm.OLS(dt['lprice'],exog)
ols_model_result = ols_model.fit()
ols_model_result.summary()
```

(二)结果解读

模型模拟结果如图 3.3 所示。

	coef	std err	t	P>|t|	[0.025	0.975]
lnox	-0.4379	0.056	-7.790	0.000	-0.548	-0.327
ldist	-0.1078	0.057	-1.899	0.058	-0.219	0.004
rooms	3.2297	0.526	6.136	0.000	2.196	4.264
roomssq	-2.7954	0.526	-5.315	0.000	-3.829	-1.762
stratio	-0.2497	0.031	-8.104	0.000	-0.310	-0.189

图 3.3 例 3.2 二次函数形式模型结果

由图 3.3 可知,$rooms$ 的系数为正,$roomssq$ 的系数为负,这说明在房间数很小的时候增加房间数会提高房价,而当房间数超过一定数量后,增加房间数会降低房价。通过绘制散点图(见图 3.4),我们可以直观观察到房价与房间数的关系。

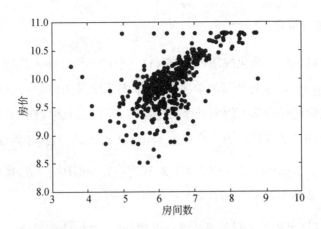

图 3.4　房价与房间数的关系

 # 绘制散点图——房价与房间数的关系

plt.rcParams['font.sans - serif'] = ['SimHei']

plt.rcParams['axes.unicode_minus'] = False

plt.xlim(xmax = 10, xmin = 3)

plt.ylim(ymax = 11, ymin = 8)

 # 设置 x 刻度

plt.xticks([3,4,5,6,7,8,9,10])

 # 设置 y 刻度

plt.yticks([8.0,8.5,9.0,9.5,10.0,10.5,11.0])

plt.xlabel('Number of Rooms')

plt.ylabel('Log(price)')

plt.scatter(data.rooms, data.lprice, c = 'blue', edgecolors = 'black')

plt.show()

三、含有交互项的回归模型

如果想知道两个自变量对因变量的共同影响作用,通常需要在模型中加入这两个变量的交乘项(也称交互项)进行检验。下面以标准化考试成绩的影响因素为例进行讨论。

例 3.3　期末标准化考试成绩的影响因素(数据 ATTEND.xls)

本例基于美国学生出勤率、之前的 GPA、能力测试分数等数据,分析这些因素是否影响以及如何影响学生期末标准化考试成绩。

(一) 模型构建与拟合

本例研究的变量包括标准化成绩($stnd\,fnl$)、之前的 GPA($priGPA$)、能力指标(ACT)以及出勤率($atndrte$)。除了各变量的单独影响,本例还学习如何分析两个自变量的共同影响。考虑到之前成绩越好的学生的出勤率可能越高,所以在原模型中增加一个出勤率和之前 GPA 的交互项,即二者乘积作为一个变量 $priGPA * atndrte$,构建新模型如下:

$$\widehat{stnd\,fnl} = \beta_0 + \beta_1 atndrte + \beta_2 priGPA + \beta_3 ACT + \beta_4 priGPA^2 + \beta_5 ACT^2$$
$$+ \beta_6 priGPA * atndrte + u$$

整理数据后,计算出相关变量的平方及交互项,然后进行计算拟合:

```
data = pd.read_excel('d:/pythondata/attend.xls',header = None)
data.rename(columns = {2:'priGPA',3:'ACT',5:'atndrte',10:'stndfnl'},
inplace = True)
data['priGPAsq'] = data['priGPA'] ** 2
data['ACTsq'] = data['ACT'] ** 2
data['pri_atn'] = data['priGPA'] * data['atndrte']
exog = data[['atndrte','priGPA','ACT','priGPAsq','ACTsq','pri_atn']]
exog = sm.add_constant(exog)
ols_model = sm.OLS(data['stndfnl'],exog)
ols_model_result = ols_model.fit()
ols_model_result.summary()
```

结果如图 3.5 所示。

	coef	std err	t	P>|t|	[0.025	0.975]
const	2.0503	1.360	1.507	0.132	-0.621	4.721
atndrte	-0.0067	0.010	-0.656	0.512	-0.027	0.013
priGPA	-1.6285	0.481	-3.386	0.001	-2.573	-0.684
ACT	-0.1280	0.098	-1.300	0.194	-0.321	0.065
priGPAsq	0.2959	0.101	2.928	0.004	0.097	0.494
ACTsq	0.0045	0.002	2.083	0.038	0.000	0.009
pri_atn	0.0056	0.004	1.294	0.196	-0.003	0.014

图 3.5　例 3.3 模型结果

（二）回归结果的解释及检验

有交互项的模型需要将交互的两个变量进行整体解释。也就是说，出勤率对标准化成绩的影响应该考虑整体影响，为出勤率单独影响加上之前 GPA 和出勤率的共同影响。变量 1 的整体影响＝变量 1 系数＋交互系数×变量 2 均值。

本例中根据模型可得：

$$\frac{\widehat{stndfnl}}{atndrte} = \beta_1 + \beta_6\, priGPA$$

要解释出勤率 $atndrte$ 对标准化成绩 $stndfnl$ 的影响，就必须要考虑 $priGPA$ 的值，也就是在之前的成绩确定的情况下讨论出勤率和标准化考试成绩之间的关系。本例用 $priGPA$ 的均值代入式中得到的结果来具体理解整体影响。执行语句 np.mean(data['priGPA'])，计算得出 priGPA 均值＝2.59。

#计算 priGPA 均值的代码

```
np.mean(data['priGPA'])
```

此时，$atndrte$ 对 $stndfnl$ 的影响为 $0.0078(-0.0067+0.0056\times2.59)$。其含义是：对于之前成绩一般的同学而言，$atndrte$ 每提高 1%，$stndfnl$ 将提高 0.0078 倍标准差，其中 $stndfnl$ 是标准化后的成绩（无量纲）。对该结论进行检验的关键是求出上式的标准误。虽然 $atndrte$ 对 $stndfnl$ 的影响值无法从结果直接读取，但可以利用变换技巧构建新模型重新估计。构建新模型如下：

$$\widehat{stndfnl} = \beta_0 + \beta_1\, atndrte + \beta_2\, priGPA + \beta_3\, ACT + \beta_4\, priGPA^2 + \beta_5\, ACT^2$$
$$+ \beta_6(priGPA - 2.59)\cdot atndrte$$

当 $priGPA$ 均值＝2.59 时，β_1 就是 $atndrte$ 对 $stndfnl$ 的偏效应，其统计显著性就是我们要求的。构建新的变量 $priGPA$ 均值偏差，将该偏差代替 $priGPA$ 与出勤率构造新的交互项加入模型，然后调整一下代码，对加入新交互项后的模型再进行回归检验出勤率的偏效应是否存在。

#构建新的交互项 adj_pri_atn，交互的变量，为 priGPA 与均值的偏差，变量 2 为出勤率

```
data['adj_priGPA'] = data['priGPA'] - 2.59
data['adj_pri_atn'] = data['adj_priGPA'] * data['atndrte']
exog2 = data[['atndrte','priGPA','ACT','priGPAsq','ACTsq','adj_pri_atn']]
exog2 = sm.add_constant(exog2)
ols_model2 = sm.OLS(data['stndfnl'],exog2)
```

```
ols_model_result2 = ols_model2.fit()

ols_model_result2.summary()
```

回归结果显示，$\beta_1=0.0078$，t 统计量 $=2.94$，p 值 $=0.003$，所以统计上显著，偏效应存在。

四、一次模型与二次模型的比较

OLS 结果中除了报告 R^2，还会报告调整 R^2（adjusted R-squared）。调整 R^2 的意义在于其计算过程中考虑到了解释变量的数量，即可以评估在模型中增加一个解释变量的效果。增加变量只能使 R^2 增加，而调整 R^2 却可能增加或下降，所以在评估两个模型优劣时，调整 R^2 更有优势。下面以两个用于研究销售收入和研发投入之间关系的不同模型为例进行讨论。

例 3.4　研究销售收入和研发投入之间的关系，比较一次模型和二次模型的优劣（数据 RDCHEM.xls）

本例使用与例 2.5 同一个数据集来学习如何应用 Python 比较一次模型和二次模型的优劣，只研究销售收入和研发投入之间的关系。

（一）模型构建与拟合

本例分别构建一次模型和二次模型如下：

$$rdintes = \beta_0 + \beta_1 log(sales) + u \tag{3.1}$$

$$rdintes = \beta_0 + \beta_1 sales + \beta_2 sales^2 + u \tag{3.2}$$

（二）计算 R^2 和调整 R^2

模型的优劣主要通过拟合优度 R^2 和调整拟合优度调整 R^2 来进行判断，我们分别计算模型 3.1 和模型 3.2 的 R^2 和调整 R^2。

Python 代码如下：

```
data = pd.read_excel('d:/pythondata/rdchem.xls', header = None)

data.rename(columns = {1:'sales',3:'rdintens',5:'salessq',6:'lsales'}, inplace = True)


exog1 = data[['lsales']]

exog1 = sm.add_constant(exog1)

ols_model1 = sm.OLS(data['rdintens'], exog1)

ols_model_result1 = ols_model1.fit()
```

```
ols_model_result1.summary()

exog2 = data[['sales','salessq']]
exog2 = sm.add_constant(exog2)
ols_model2 = sm.OLS(data['rdintens'],exog2)
ols_model_result2 = ols_model2.fit()
ols_model_result2.summary()
```

（三）结果比较

两个模型的 R^2 和调整 R^2 结果如表 3.1 所示。

表 3.1　两个模型的 R^2 和调整 R^2

项目	模型 3.1	模型 3.2
R^2	0.061	0.149
调整 R^2	0.03	0.09

由于模型 3.2 比模型 3.1 多 1 个变量，两个模型的 R^2 不具可比性，而调整 R^2 就可以避免这种尴尬。调整 R^2 考虑了两个模型不同变量个数的影响，使得变量数不同的模型的 R^2 可比。结果显示，模型 3.2 的调整 R^2 为 0.09，高于模型 3.1 的调整 R^2，显然，模型 3.2 优于模型 3.1。

第三节　将回归模型用于预测

一、构建预测区间

在日常社会经济活动中，回归模型常常用于预测。给定自变量的一组数值，代入回归模型得到因变量的值即为预测值。而对于预测值，更常见的是给出一个范围，即预测的置信区间。

假定拟合后的回归模型为：

$$\hat{y} = \hat{\beta}_0 + \hat{\beta}_1 x_1 + \cdots + \hat{\beta}_k x_k$$

给定一组变量的取值 $c_1, c_2, \cdots, c_k$，则构建预测区间的步骤如下：

（1）变换回归方程：$\hat{y} = \theta_0 + \hat{\beta}_1(x_1 - c_1) + \cdots + \hat{\beta}_k(x_k - c_k) + u$。

（2）对该方程进行拟合，并得到$\hat{\theta}_0$估计值及其标准误。

（3）计算确定的置信水平的百分位值。

（4）构造置信区间$\hat{\theta}_0 \pm se(\theta_0)t$。

二、确定预测值的置信区间

 例3.5 **大学 GPA 预测值的置信区间**（数据 GPA2.xls）

本例仍旧基于美国学生成绩的数据来学习如何应用 Python 确定预测值的置信区间，使用 SAT 成绩（*sat*）、高中成绩排名（*hsperc*）和毕业班级人数（*hsize*）三个变量估计大学 GPA（*colgpa*）。

（一）整理数据并拟合模型

整理好数据之后构建模型进行回归，得到模型拟合参数。

```
data = pd.read_excel('d:/pythondata/gpa2.xls',header = None)
data.rename(columns = {0:'sat',2:'colgpa',7:'hsperc',5:'hsize'},inplace = True)
data['hsizesq'] = data['hsize'] ** 2
#自变量取以下值
sat = 1200
hsperc = 30
hsize = 5
hsizesq = 25
#构造新自变量
data['sat'] = data['sat'] - sat
data['hsperc'] = data['hsperc'] - hsperc

data['hsize'] = data['hsize'] - hsize
data['hsizesq'] = data['hsizesq'] - hsizesq

exog = data[['sat','hsperc','hsize','hsizesq']]
exog = sm.add_constant(exog)
```

```
ols_model = sm.OLS(data['colgpa'],exog)
ols_model_result = ols_model.fit()
ols_model_result.summary()
```

模型拟合参数结果如图 3.6 所示。

	coef	std err	t	P>|t|	[0.025	0.975]
const	2.7001	0.020	135.833	0.000	2.661	2.739
sat	0.0015	6.52e-05	22.886	0.000	0.001	0.002
hsperc	-0.0139	0.001	-24.698	0.000	-0.015	-0.013
hsize	-0.0609	0.017	-3.690	0.000	-0.093	-0.029
hsizesq	0.0055	0.002	2.406	0.016	0.001	0.010

图 3.6 例 3.5 模型结果

(二) 计算预测值的置信区间

我们最关注的计算结果是截距项的系数和标准误。

#计算分位值

```
n = len(data)
df = n - 4 - 1
```

#假定置信水平为 95%

```
c = 0.95
t = stats.t.ppf(0.975,df)
```

#根据计算得到的 t 统计量构造置信区间

```
(2.7 - 0.02t,2.7 + 0.02t)
```

此处,代码(2.7 - 0.02t,2.7 + 0.02t)是一个元组,即一种 Python 的数据类型。这两个数值分别计算和显示置信区间的上下界。本例中,$n = 4137$,$df = 4132$,$t = 1.9605$。因此置信区间的计算结果为(2.66, 2.74),对应置信水平 95% 的置信区间为 [2.66, 2.74]。

第四章　应用 Python 检验模型设定和数据问题

在构建模型进行深入的数据挖掘和数据分析时,模型变量的选择以及样本数据的函数分布形式的假设会很大程度上影响采用的数据分析方法和检验结果。模型的问题主要有解释变量选择不当、变量遗漏、函数形式不妥、测量误差等,数据本身可能存在多重共线性以及极端数据,不管是模型问题还是数据问题,都会影响数据分析结果。以遗漏变量为例,如果遗漏的变量和另外的解释变量不相关倒还好,顶多模型不精确,但若是相关将造成"致命伤"。如在研究教育回报的影响因素时,个人的先天能力可能因无法观察无法获取数据而遗漏,但先天能力与教育年限很明显是正相关的,遗漏该变量的模型是有问题的。因此,本章主要讨论如何用 Python 检验在模型设定时可能会存在的问题以及数据相关问题。

第一节　模型误设

多元回归模型中如果没有正确设定因变量和自变量之间的关系就会存在函数形式误设问题。常见的函数形式误设类型有遗漏二值变量交互项和遗漏自变量的非线性关系等。函数形式的误设可以通过特定的检验程序检验。

一、函数形式误设的一般性检验:RESET

(一) 回归误差设定检验

检验函数形式是否存在误设一般采用 RESET(regression specification error test)检验,即回归误差设定检验。如果怀疑线性模型 $y=\beta_0+\beta_1 x_1+\cdots+\beta_k x_k+u$ 可能遗漏了某些重要的非线性关系,就可以进行 RESET 检验,检验步骤如下:

(1) 计算原方程的预测值 $\hat{y}$。

(2) 构建扩大方程 $y=\beta_0+\beta_1 x_1+\cdots+\beta_k x_k+\delta_1 \hat{y}^2+\delta_2 \hat{y}^3+u$。

(3) 通过自由度为 $n-k-3$ 的 F 分布检验 $H_0: \delta_1=0, \delta_2=0$。

（4）如果统计显著拒绝上述假设，则认为的确遗漏了某些因素；F 统计量的值就是 RESET 统计量的值。

下面以住房价格模型为例讨论 RESET 检验，并以此为基础比较数值水平形式和对数形式两种不同形式模型的优劣。

（二）数值水平形式和对数形式的对比

 例 4.1　住房价格模型（数据 HPRICE2.xls）

本例基于美国的历史住房价格数据进行应用操作学习。本例包含的变量有房价（$price$）、土地面积（$lotsize$）、房屋面积（$sqrft$）以及房间数（$bdrms$）。考察两个住房价格模型，数值水平形式和对数形式的模型分别为：

$$price = \beta_0 + \beta_1 lotsize + \beta_2 sqrft + \beta_3 bdrms + u$$
$$log(price) = \beta_0 + \beta_1 log(lotsize) + \beta_2 log(sqrft) + \beta_3 bdrms + u$$

下面分别对两个模型进行 RESET 检验，判断模型是否存在误设问题。

1. 数值水平形式模型的 RESET 检验

（1）数据处理代码。

```
import pandas as pd
import statsmodels.api as sm
import numpy as np
from scipy import stats


data = pd.read_excel('d:/pythondata/hprice2.xls',header = None)
data.rename(columns = {0:'price',3:'lotsize',4:'sqrft',2:'bdrms',6:'lprice',
8:'llotsize',9:'lsqrft'},inplace = True)
```

（2）RESET 检验代码。
```
#检验水平值 RESET
exog = data[['lotsize','sqrft','bdrms']]
exog = sm.add_constant(exog)
res = sm.OLS(data.price,exog).fit()

#估计原模型的预测值的平方
data['y1'] = res.predict() ** 2
```

```python
#估计原模型的预测值的立方
data['y2'] = res.predict() ** 3
#原模型变量作为限制性模型变量
restricted = ['lotsize','sqrft','bdrms']
#增加了y预测值的平方和立方的扩展模型变量作为非限制性模型变量
unrestricted = ['lotsize','sqrft','bdrms','y1','y2']
y = ['price']
def test_multiple_linear_restriction(data,y,restricted,unrestricted):
    exog = data[unrestricted]
    exog = sm.add_constant(exog)
    ols_model = sm.OLS(data[y],exog)
    ols_model_result = ols_model.fit()
    n = len(data)
    k = len(restricted)
    df = n - len(unrestricted) - 1
    exog_r = data[restricted]
    exog_r = sm.add_constant(exog_r)
    ols_model_r = sm.OLS(data[y],exog_r)
    ols_model_result_r = ols_model_r.fit()
    df_r = n - len(restricted) - 1
#计算F统计量
#计算约束模型的SSR
    ssr_r = ols_model_result_r.ssr
#计算非约束模型的SSR
    ssr_ur = ols_model_result.ssr
    q = df_r - df
#根据公式计算F统计量
    F = (ssr_r - ssr_ur)/ssr_ur * (n - len(unrestricted) - 1)/q
```

#*修改用于计算 p 值的自由度,并计算 p 值*

p_value = 1 − stats.f.cdf(F,2,n − k − 3)

　　return (F,p_value)

test_multiple_linear_restriction(data,y,restricted,unrestricted)

　　首先,使用语句 predict()估计原模型的预测值,并计算其平方和立方(平方和立方是最主要的非线性关系)。然后,利用联合线性检查函数进行 F 统计量的计算和检测,将函数中的 F 分布的自由度重新修改为"2"和"$n-k-3$"(p_value = 1 − stats.f.cdf(F,2,n − k − 3))。原模型为限制模型,扩展模型为非限制模型。运行结果显示,RESET 统计量即 F 统计量为 4.67,p 值为 0.012 比较小,统计显著,拒绝原假设,所以原方程有遗漏重要非线性关系。

　　2. 对数形式模型检验

　　同样的方法可以用于检验对数形式的模型。结果显示,RESET 统计量为 2.56,p 值为 0.084,在 5% 的显著性水平下不拒绝原假设,在 10% 的显著性水平下拒绝原假设。对比发现,对数形式的模型更可取。

　　需要注意的是,如果遗漏的变量是原模型中自变量的线性函数,则 RESET 检验失效。

二、对非嵌套模型的检验

　　所谓非嵌套模型,即一个模型并非另一个模型的特殊情形,虽然两个模型中的变量有交叉,但又都有各自独有的变量。这时可以构造一个综合模型,将两个模型的所有变量都包括在一个模型中,然后对其中一个模型的所有参数进行联合 F 检验,如果显著则拒绝另一个模型。

　　下面以住房价格模型为例进行进一步探讨。

例 4.2　住房价格模型的进一步探讨(数据 HPRICE2.xls)

　　承例 4.1,增加变量土地面积的对数($llotsize$)和房屋面积的对数($lsqrft$),构造综合模型如下:

$$price = \gamma_0 + \gamma_1 lotsize + \gamma_2 sqrft + \gamma_3 bdrms + \gamma_4 llotsize + \gamma_5 lsqrft + u$$

　　本例需要检验的原假设为 $H_0: \gamma_4 = 0, \gamma_5 = 0$,继续使用 F 分布检验。新构建的综合模型为非限制模型,原数值水平值模型为限制模型。

import pandas as pd

import statsmodels.api as sm

import numpy as np

```python
from scipy import stats

data = pd.read_excel('d:/pythondata/hprice2.xls',header = None)
data.rename(columns = {0:'price',3:'lotsize',4:'sqrft',2:'bdrms',6:'lprice',8:
'llotsize',9:'lsqrft'},inplace = True)


def test_multiple_linear_restriction(data,y,restricted,unrestricted):
    exog = data[unrestricted]
    exog = sm.add_constant(exog)
    ols_model = sm.OLS(data[y],exog)
    ols_model_result = ols_model.fit()
    n = len(data)
    k = len(restricted)
    df = n - len(unrestricted) - 1
    exog_r = data[restricted]
    exog_r = sm.add_constant(exog_r)
    ols_model_r = sm.OLS(data[y],exog_r)
    ols_model_result_r = ols_model_r.fit()
    df_r = n - len(restricted) - 1
```

#计算 F 统计量
#计算约束模型的 SSR

```python
ssr_r = ols_model_result_r.ssr
```

#计算非约束模型的 SSR

```python
ssr_ur = ols_model_result.ssr
q = df_r - df
```

#根据公式计算 F 统计量

```python
F = (ssr_r - ssr_ur)/ssr_ur * (n - len(unrestricted) - 1)/q
```

#修改用于计算 p 值的自由度，并计算 p 值

```python
p_value = 1 - stats.f.cdf(F,2,n-k-3)
```

```
return (F,p_value)

restricted = ['lotsize','sqrft','bdrms']
unrestricted = ['lotsize','sqrft','bdrms','llotsize','lsqrft']
y = ['price']
test_multiple_linear_restriction(data,y,restricted,unrestricted)
```

检验结果显示,F 统计量＝7.86,p 值＝0.0008,统计显著,拒绝原假设,原数值水平值模型设定有误。

第二节　代理变量

如果模型中需要某一重要变量,但是现实中难以获取其具体数据,这种情况下可以使用代理变量代替。代理变量是可以观测数据的,同时和需要被代替的变量有相关性。例如,工资模型中的能力是重要变量但同时是难以得到观测数据的变量,所以可以使用其他与能力相关且可以观测的变量代替,如智商或工作领域的相关知识储备等。

一、加入不同代理变量的模型比较

例 4.3　工资收入与能力的代理变量(数据 WAGE2.xls)

本例基于美国 20 世纪 80 年代青年男性的相关数据,研究工资收入和人口统计学变量之间的关系。其中,变量"能力"使用"智商 IQ 分值"代替。除此之外,其他变量有工资的对数 *lwage*、受教育年限 *educ*、工作年限 *exper*、在职年限 *tenure*、是否结婚 *married*(已婚为 1,否则为 0)、是否是黑人 *black*(黑人为 1,否则为 0)、是否居住于南方 *south*(居住南方为 1,否则为 0)、是否居住于城市 *urban*(居住在城市为 1,否则为 0)。如前言中特别说明的一样,本例中肤色等仅作为数据标签使用,不讨论任何数据标签后的政治和社会问题。

(一) 模型构建

我们将分三种情况建模,第一种情况不考虑能力变量;第二种情况增加能力的代理变量 *IQ*;第三种情况使用 *IQ* 作为代理变量,同时增加受教育年限和 *IQ* 的交互项。三个模型相互比较选择其中最佳模型。构建模型如下:

$$\widehat{lwage}=\beta_0+\beta_1 educ+\beta_2 exper+\beta_3 tenure+\beta_4 married+\beta_5 black+\beta_6 south$$

$$+\beta_7\,urban \tag{4.1}$$

$$\widehat{lwage}=\beta_0+\beta_1\,educ+\beta_2\,exper+\beta_3\,tenure+\beta_4\,married+\beta_5\,black+\beta_6\,south$$
$$+\beta_7\,urban+\beta_8\,IQ \tag{4.2}$$

$$\widehat{lwage}=\beta_0+\beta_1\,educ+\beta_2\,exper+\beta_3\,tenure+\beta_4\,married+\beta_5\,black+\beta_6\,south$$
$$+\beta_7\,urban+\beta_8\,IQ+\beta_9\,IQ*educ \tag{4.3}$$

（二）Python 代码

```python
import pandas as pd

import statsmodels.api as sm

import numpy as np

from scipy import stats

data = pd.read_excel('d:/pythondata/wage2.xls',header = None)

data.rename(columns = {2:'IQ',4:'educ',5:'exper',6:'tenure',8:'married',9:
'black',10:'south',11:'urban',16:'lwage'},inplace = True)
```

#设定外生变量

```python
endog = 'lwage'
```

#分别设定三种内生变量列表

```python
exog1 = ['educ','exper','tenure','married','south','urban','black']

exog2 = exog1 + ['IQ']

data['educ_IQ'] = data.educ * data.IQ

exog3 = exog2 + ['educ_IQ']
```

#分别分析三种模型的结果

```python
res1 = OLS(exog1,endog,data)

res1.summary()

res2 = OLS(exog2,endog,data)

res2.summary()

res3 = OLS(exog3,endog,data)

res3.summary()
```

此处我们使用自编的 OLS 函数简化计算。

```
def OLS(exog,endog,data):
    exog = data[exog]
    exog = sm.add_constant(exog)
    mod = sm.OLS(data[endog],exog)
    res = mod.fit()
    return(res)
```

通过语句 exog2 = exog1 + [' IQ ']得到一个新的变量名称列表，在[' educ ',' exper ',
' tenure ',' married ',' south ',' urban ',' black ']基础上增加"*IQ*"一项。

（三）检验结果比较

三种模型检验结果分别如图 4.1 至图 4.3 所示。

	coef	std err	t	P>|t|	[0.025	0.975]
const	5.3955	0.113	47.653	0.000	5.173	5.618
educ	0.0654	0.006	10.468	0.000	0.053	0.078
exper	0.0140	0.003	4.409	0.000	0.008	0.020
tenure	0.0117	0.002	4.789	0.000	0.007	0.017
married	0.1994	0.039	5.107	0.000	0.123	0.276
south	-0.0909	0.026	-3.463	0.001	-0.142	-0.039
urban	0.1839	0.027	6.822	0.000	0.131	0.237
black	-0.1883	0.038	-5.000	0.000	-0.262	-0.114

图 4.1　模型 4.1 的运行结果

	coef	std err	t	P>|t|	[0.025	0.975]
const	5.1764	0.128	40.441	0.000	4.925	5.428
educ	0.0544	0.007	7.853	0.000	0.041	0.068
exper	0.0141	0.003	4.469	0.000	0.008	0.020
tenure	0.0114	0.002	4.671	0.000	0.007	0.016
married	0.1998	0.039	5.148	0.000	0.124	0.276
south	-0.0802	0.026	-3.054	0.002	-0.132	-0.029
urban	0.1819	0.027	6.791	0.000	0.129	0.235
black	-0.1431	0.039	-3.624	0.000	-0.221	-0.066
IQ	0.0036	0.001	3.589	0.000	0.002	0.006

图 4.2　模型 4.2 的运行结果

	coef	std err	t	P>|t|	[0.025	0.975]
const	5.6482	0.546	10.339	0.000	4.576	6.720
educ	0.0185	0.041	0.449	0.653	-0.062	0.099
exper	0.0139	0.003	4.378	0.000	0.008	0.020
tenure	0.0114	0.002	4.670	0.000	0.007	0.016
married	0.2009	0.039	5.173	0.000	0.125	0.277
south	-0.0802	0.026	-3.056	0.002	-0.132	-0.029
urban	0.1836	0.027	6.835	0.000	0.131	0.236
black	-0.1467	0.040	-3.695	0.000	-0.225	-0.069
IQ	-0.0009	0.005	-0.182	0.855	-0.011	0.009
educ_IQ	0.0003	0.000	0.888	0.375	-0.000	0.001

图 4.3 模型 4.3 的运行结果

IQ 对收入的影响是正向且显著的。增加代理变量 IQ 后，每个变量依然是显著的，而且标准误除截距项外没有太大变化。增加 $educ$ 和 IQ 的交互项后发现，一来交互因素不是很显著，二来分析结果发生比较大的变化，主要是 $educ$ 和 IQ 两个变量自身变为不显著，因此交互项的引入不是一个很好的选择。因此，最佳模型是仅使用代理变量 IQ 的模型。

二、加入现有变量的滞后变量作为代理变量

还有一种使用代理变量的方式是使用现有变量的滞后变量作为代理变量。显然，滞后变量包含了不能观测的影响因素，且和本期变量相关。例如，大学的学术水平和历史学术水平是相关的，并且包括影响当前学术水平的不可观测的因素。在模型中增加历史学术水平，可以使在其他条件不变的情况下的分析成为可能。

 例 4.4 城市犯罪率（数据 CRIME2.xls）

本例基于美国城市犯罪历史数据文件，学习如何应用 Python 在模型中加入已有变量的滞后变量并构建新的模型进行分析。

（一）模型构建

在城市犯罪水平和预防犯罪的关系中增加往年犯罪率作为变量，构建模型如下：

$$crimes_{87}=\beta_0+\beta_1 unem+\beta_2 llawexpc+\beta_3 crimes_{82}+u$$

其中，$crimse_{82}$ 和 $crimse_{87}$ 是 1982 年和 1987 年犯罪率；$unem$ 是失业率；$llawexpc$ 是预

防犯罪的投入经费的对数值。显然，*llawexpc* 和犯罪率是相关的。通常,犯罪率越高,预防犯罪的投入也越高。增加历史犯罪率(1982 年的犯罪率)的用意在于,可以在横截面分析中保证在遗漏变量不变的情况下,得到单纯增加 *llawexpc* 对 1987 年犯罪率的影响。

(二) Python 代码

```
import pandas as pd

import statsmodels.api as sm

import numpy as np

from scipy import stats
```

 # 导入并整理数据

```
data = pd.read_excel('d:/pythondata/crime2.xls', header = None)

data.rename(columns = {23:'lcrmrte',2:'unem',8:'year',19:'llawexpc',32:'
lcrmrte_1'}, inplace = True)

data87 = data.loc[data['year'] = = 87,['unem','llawexpc','lcrmrte_1','lcrmrte',
'year']]
```

 # 将变量 lcrmrte_1 的数据类型由 object 转化为 float

```
data87['lcrmrte_1'] = pd.to_numeric(data87['lcrmrte_1'])
```

 # 设定外生变量

```
endog = 'lcrmrte'
```

 # 设定内生变量列表,滞后变量'lcrmrte_1'作为代理变量

```
exog = ['unem','llawexpc','lcrmrte_1']
```

 # 调用自编 OLS 函数,同例 4.3

```
res = OLS(exog,endog,data87)
res.summary()
```

(三) 检验结果

结果如图 4.4 所示。

	coef	std err	t	P>|t|	[0.025	0.975]
const	0.0765	0.821	0.093	0.926	-1.581	1.734
unem	0.0086	0.020	0.442	0.661	-0.031	0.048
llawexpc	-0.1396	0.109	-1.285	0.206	-0.359	0.080
lcrmrte_1	1.1939	0.132	9.038	0.000	0.927	1.461

图 4.4 将滞后变量作为代理变量的运行结果

第三节 异常观测值

在对模型进行回归检验时,如果样本数据存在异常值,则异常值会干扰回归结果,对OLS模型影响尤其显著。因此,我们必须考虑异常值现象。本节以研发强度数据为例,讨论如何应用 Python 解决这一问题。

例 4.5 研发强度与企业规模(数据 RDCHEM.xls)

研发强度用研发投入占销售收入的百分比($rdintens$)表示,企业规模以销售收入($sales$)衡量,同时考虑盈利能力的影响,并用利润占销售收入百分比($profmarg$)表示。构建模型如下:

$$rdintens = \beta_0 + \beta_1 sales + \beta_2 profmarg + u$$

我们在 Python 中可以用绘图方式发现异常值。

一、通过绘制散点图发现异常值

#数据整备

```
data = pd.read_excel('d:/pythondata/rdchem.xls', header = None)
data.rename(columns = {3:'rdintens',1:'sales',4:'profmarg'}, inplace = True)
```

#以下是研发强度与销售收入的散点图代码

#设置坐标轴刻度范围

```
plt.xlim(xmax = 50000, xmin = -10000)
plt.ylim(ymax = 10, ymin = 0)
```

#设置 x 刻度

```
plt.xticks([-10000,0,10000,20000,30000,40000,50000])
```

#设置 y 刻度

```
plt.yticks([0,2,4,6,8,10])
```

#设置坐标轴标签

```
plt.xlabel('Sales')
plt.ylabel('rdintens')
```

#画图并显示

```
plt.scatter(data.sales,data.rdintens,c='blue',edgecolors='black')
plt.show()
```

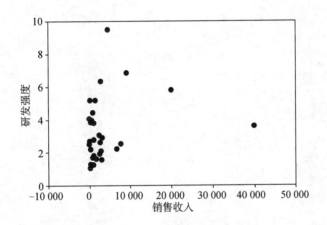

图 4.5　研发投入与销售的散点图

从图 4.5 散点图中可以直观地看到,图形右侧至少有 4 个点比较稀疏,偏离中心,这些就是异常值。

二、通过绘制箱型图发现异常值

通过绘制箱型图也可以发现异常值。以销售收入的数据为例,代码如下:

```
plt.boxplot(data.sales,sym='+',boxprops={'color':'blue'},medianprops=
{'color':'red'})
plt.show()
```

从图 4.6 中可以发现,存在几个异常点,远高于箱型图的上边缘。这些异常值会对回归结果产生较大影响,扭曲模型的解释力。

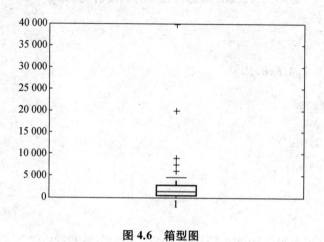

图 4.6 箱型图

第五章　应用 Python 处理含虚拟变量的多元回归模型

被分析的数据中有时会包含类别或名称等定性信息,如经济数据中的行业类别、企业所有权性质、企业所在省份等。这些信息虽然不是定量信息,但对分析的问题常常是很重要也很有意义的。定性信息往往无法直接加入模型中使用,而在构建多元线性回归模型时,如果能够充分使用已有信息,将在一定程度上提高模型精度及其准确性。因此,我们有必要将这些定性信息改造成另一种形式的可供模型直接使用的变量,虚拟变量就是用于改造类别变量的一种变量形式。本章重点学习如何应用 Python 处理含有虚拟变量的多元回归模型。

第一节　自变量为二值虚拟变量的情形

在数据分析过程中经常遇到定性信息,如性别、省份、类别、等级、是否等。定性信息中有一类是只有两个值的变量,如男女、婚否等,这类变量被称为二值自变量或虚拟自变量,通常用 0 和 1 表示对应的二值。

一、评估性别的影响

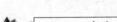 **例 5.1　考察性别对小时工资的影响(数据文件 WAGE1.xls)**

本例基于美国工资数据文件综合考察性别、受教育程度、工作年限和在现在单位的任职期限与工资的关系。其中,性别就属于二值自变量。

(一)模型构建

构建多元回归模型如下:

$$wage = \beta_0 + \delta_0 female + \beta_1 educ + \beta_2 exper + \beta_3 tenure + u$$

- $female$:1 为女性,0 为男性

- *educ*：接受正式教育的年数
- *exper*：工作年数
- *tenure*：在本单位任职年数

（二）估计参数的 Python 代码

为了突出被检验的虚拟变量，本例特意使用 δ_0 表示虚拟变量的参数系数。

使用 OLS 估计参数的代码如下：

```
data = pd.read_excel('d:/pythondata/wage1.xls',header = None)
data.rename(columns = {0:'wage',1:'educ',2:'exper',3:'tenure',5:'female'},
inplace = True)
data.exog = pd.DataFrame()
data.exog['educ'] = data['educ']
data.exog['exper'] = data['exper']
data.exog['tenure'] = data['tenure']
data.exog['female'] = data['female']
data.exog = sm.add_constant(data.exog)

ols_model = sm.OLS(data.wage,data.exog)
ols_model_result = ols_model.fit()
ols_model_result.summary()
```

（三）运行结果

运行结果如图 5.1 所示。

	coef	std err	t	P>|t|	[0.025	0.975]
const	-1.5679	0.725	-2.164	0.031	-2.991	-0.145
educ	0.5715	0.049	11.584	0.000	0.475	0.668
exper	0.0254	0.012	2.195	0.029	0.003	0.048
tenure	0.1410	0.021	6.663	0.000	0.099	0.183
female	-1.8109	0.265	-6.838	0.000	-2.331	-1.291

图 5.1　小时工资影响因素模型的运行结果

样本数据的回归结果显示，*female* 的回归系数估计值为−1.81，其含义为在其他因素不变的情况下，女性和男性的薪酬差异为−1.81。更具体地说，在受教育程度、工作年限相同的情况下，女性比男性的小时工资少 1.81 美元。

二、评估是否拥有某物品的影响

例 5.2　拥有个人计算机对大学 GPA 的影响（数据文件 GPA1.xls）

影响大学生成绩的因素有很多，本例基于学生成绩的数据文件，讨论学生是否拥有个人计算机对大学成绩会产生怎样的影响。

（一）模型构建

构建模型如下：

$$colGPA = \beta_0 + \delta_0 PC + \beta_1 hsGPA + \beta_2 ACT + u$$

- *PC*：拥有计算机为 1，其他情况为 0
- *hsGPA*：高中成绩
- *ACT*：能力测验分数
- *colGPA*：大学成绩

（二）估计参数的 Python 代码

使用 OLS 估计参数的代码与例 5.1 类似，代码如下：

```
data = pd.read_excel('d:/pythondata/GPA1.xls',header = None)
data.rename(columns = {9:'colGPA',10:'hsGPA',11:'ACT', 18:'PC'},inplace = True)
data.exog = pd.DataFrame()
data.exog['hsGPA'] = data['hsGPA']
data.exog['ACT'] = data['ACT']
data.exog['PC'] = data['PC']
data.exog = sm.add_constant(data.exog)
ols_model = sm.OLS(data.colGPA,data.exog)
ols_model_result = ols_model.fit()
ols_model_result.summary()
```

（三）运行结果

运行结果如图 5.2 所示。

	coef	std err	t	P>|t|	[0.025	0.975]
const	1.2635	0.333	3.793	0.000	0.605	1.922
PC	0.1573	0.057	2.746	0.007	0.044	0.271
hsGPA	0.4472	0.094	4.776	0.000	0.262	0.632
ACT	0.0087	0.011	0.822	0.413	-0.012	0.029

图 5.2　大学 GPA 影响因素模型运行结果

样本数据的回归结果显示，PC 的回归系数估计值为 0.1573，其含义为在其他因素不变的情况下，拥有个人计算机的同学与没有个人计算机的同学的大学成绩差异为 0.1573。更具体地说，在高中成绩、能力测验分数相同的情况下，拥有个人计算机的同学比没有个人计算机的同学的大学成绩高 0.1573。

三、评估政策的效果

在现实经济生活中，政府颁布一项政策之后通常都会对政策的效果进行评估。评估某项政策的效果采取的方式是对政策实施前后的情况进行对照检验。通常，我们将接受政策的单位称为实验组，将没有接受政策的单位称为控制组或对照组，然后比较两组关键指标的差异，从而得出政策效果的判断。

 例 5.3　政府培训津贴对培训小时数的影响（数据 JTRAIN.xls）

本例研究企业对其雇员培训的小时数和得到政府培训津贴的关系，即研究政府培训津贴这一政策对促进企业对员工培训的效果。实验组是接受政府津贴的企业，控制组是没有接受政府培训津贴的企业。

（一）模型构建

构建模型如下：

$$hrsemp = \beta_0 + \delta_0 grant + \beta_1 log(sales) + \beta_2 log(employ) + u$$

- $hrsemp$：人均培训小时数
- $grant$：虚拟变量，1 表示接受津贴，0 表示没有接受
- $sales$：年销售收入
- $employ$：工厂员工人数

（二）估计参数的 Python 代码

具体代码如下：

```
import pandas as pd

import statsmodels.api as sm

import numpy as np

from scipy import stats
```

整理导入数据

```
data = pd.read_excel('d:/pythondata/jtrain.xls',header = None)

data.rename(columns = {7:'tothrs',12:'totrain',9:'grant',3:'sales',2:'employ'},
inplace = True)

data = data[['tothrs','totrain','grant','sales','employ']]
```

将"."替换为缺省值,然后删除

```
data = data.replace('.',np.nan,inplace = True)

data = data.dropna(inplace = True)
```

删除数据中 totrain＝0 的对应行

```
data = data[-(data['totrain'] == 0)]
```

计算 log(sales)和 log(employ)并赋值给新变量

```
data['lsales'] = np.log(data['sales'])

data['lemploy'] = np.log(data['employ'])


data.exog = pd.DataFrame()
```

人均培训小时数＝总培训小时数/总培训雇员数

```
data.exog['hrsemp'] = data['tothrs']/data['totrain']

data.exog['grant'] = data['grant']

data.exog['lsales'] = data['lsales']

data.exog['lemploy'] = data['lemploy']

data.exog = sm.add_constant(data.exog)
```

构建 OLS 模型

```
x = data.exog[['const','grant','lsales','lemploy']]

y = data.exog['hrsemp']

ols_model = sm.OLS(y,x)
```

```
ols_model_result = ols_model.fit()

ols_model_result.summary()
```

(三) 运行结果

运行结果如图 5.3 所示。

	coef	std err	t	P>|t|	[0.025	0.975]
const	43.9855	22.470	1.958	0.052	-0.295	88.266
grant	-4.1954	2.891	-1.451	0.148	-9.893	1.503
lsales	-0.6528	1.868	-0.349	0.727	-4.335	3.029
lemploy	-6.8103	2.059	-3.308	0.001	-10.867	-2.754

图 5.3　培训津贴对培训小时数的影响

第二节　自变量为多类别虚拟变量的情形

很多时候在同一个模型中会出现多个虚拟自变量需要考虑的特殊情况。

一、两个虚拟自变量

 例 5.4　婚姻和性别对小时工资的影响(数据 WAGE1.xls)

如果有两个虚拟变量(即性别和婚否),则婚否的系数展示了婚姻对薪酬的影响,但是这个结论隐含了一个假定,即婚否对男女的薪酬影响是一样的,而经验告诉我们事实很可能不是这样。为了检验婚否对男女薪酬的不同影响,我们可以通过设定四个虚拟变量,单身男性($singmale$)、已婚男性($marrmale$)、单身女性($sing female$)和已婚女性($marr female$),并选择单身男性为基准组,其他几个变量都是与基准组比较的差异。

(一) 模型构建

本例构建模型如下:

$$log(wage) = \beta_0 + \delta_0 marrmale + \delta_1 marr female + \delta_2 sing female + \beta_1 educ$$
$$+ \beta_2 exper + \beta_3 exper^2 + \beta_4 tenure + \beta_5 tenure^2 + u$$

　　模型中不再使用性别和婚否的变量 *female* 和 *married*，而且也不用加入单身男性变量 *singmale*，因为如果增加单身男性虚拟变量在模型中，就会产生多重共线性的问题。在该模型中，其他组别都是和单身男性相比较的，在其他因素相同的情况下，模型中的截距项 β_0 就是单身男性的收入，δ_i 就表示相对单身男性的收入差异。

（二）数据整理

　　这个模型的数据整理过程相对复杂，除了正常的处理，还需要计算已婚女性、单身女性和已婚男性这三个变量。计算的过程体现了 Python 的优势。

　　数据整理代码如下：

```
data = pd.read_excel('d:/pythondata/wage1.xls', header = None)
data.rename(columns = {21:'lwage',1:'educ',2:'exper',3:'tenure',5:'female',
6:'married',22:'expersq',23:'tenuresq'}, inplace = True)
data['marrmale'] = (data['female']^1)&data['married']
data['singmale'] = (data['female']^1)&(data['married']^1)
data['marrfemale'] = data['female']&data['married']
data['singfemale'] = data['female']&(data['married']^1)
data.exog = pd.DataFrame()
for i in ['marrmale','marrfemale','singfemale','educ','exper','tenure',
'expersq','tenuresq']:
    data.exog[i] = data[i]
data.exog = sm.add_constant(data.exog)
```

　　以计算已婚男性（*marrmale*）为例，解释计算过程。

　　利用 *female* 和 *married* 的数据进行计算，这两个变量都是二值虚拟变量，其值是 0 和 1。我们可以用 Python 的逻辑位运算来计算。逻辑位运算运算符有 &、| 和 ^ 三种，运算规则为：

　　&：0&0＝0；0&1＝0；1&0＝0；1&1＝1

　　|：0|0＝0；0|1＝1；1|0＝1；1|1＝1

　　^：0^0＝0；0^1＝1；1^0＝1；1^1＝0

　　虚拟变量在条件是已婚男性时取值为 1，即只有当且仅当 *female*＝0 且 *married*＝1 时。所以 *marrmale* 的取值代码是：

$$data['marrmale'] = (data['female']\text{^}1) \& data['married']$$

其他的可以类似计算。

因为本例变量较多，所以使用了 for 循环语句自动化处理向自变量集合内增加变量的工作。

（三）检验结果

使用 OLS 方法估计系数，检验结果如图 5.4 所示。

	coef	std err	t	P>|t|	[0.025	0.975]
const	0.3214	0.100	3.213	0.001	0.125	0.518
marrmale	0.2127	0.055	3.842	0.000	0.104	0.321
marrfemale	-0.1983	0.058	-3.428	0.001	-0.312	-0.085
singfemale	-0.1104	0.056	-1.980	0.048	-0.220	-0.001
educ	0.0789	0.007	11.787	0.000	0.066	0.092
exper	0.0268	0.005	5.112	0.000	0.017	0.037
tenure	0.0291	0.007	4.302	0.000	0.016	0.042
expersq	-0.0005	0.000	-4.847	0.000	-0.001	-0.000
tenuresq	-0.0005	0.000	-2.306	0.022	-0.001	-7.89e-05

图 5.4　婚姻、性别对工资的影响

在受教育程度和工作经验不变的情况下，已婚男性比单身男性收入多 21.27%（注意因变量是对数工资），而已婚女性比单身男性少 19.83%，所以婚姻对收入的影响会因性别而有差异。

二、不同基准组选择

 例 5.5　婚姻对女性收入的影响（数据 WAGE1.xls）

例 5.4 中的模型是以单身男性为比较基准，不足以解释婚姻对女性收入的影响。如果要进一步研究婚姻如何影响女性收入，则需要以单身女性或是已婚女性二者之一为基准组。

（一）构建模型

假如以单身女性为基准组，单身男性（$singmale$）、已婚男性（$marrmale$）、单身女性（$singfemale$）和已婚女性（$marrfemale$）四个变量中不需要加入模型的是 $singfemale$。因此，构建模型如下：

$$log(wage) = \beta_0 + \delta_0 marrmale + \delta_1 marrfemale + \delta_2 singmale + \beta_1 educ$$
$$+ \beta_2 exper + \beta_3 exper^2 + \beta_4 tenure + \beta_5 tenure^2 + u$$

Python 实现的代码与例 5.4 类似，代码如下：

```
data = pd.read_excel('d:/pythondata/wage1.xls',header = None)
data.rename(columns = {21:'lwage',1:'educ',2:'exper',3:'tenure',5:'female',6:'married',22:'expersq',23:'tenuresq'},inplace = True)
data['marrmale'] = (data['female']^1)&data['married']
data['singmale'] = (data['female']^1)&(data['married']^1)
data['marrfemale'] = data['female']&data['married']
data['singfemale'] = data['female']&(data['married']^1)
data.exog = pd.DataFrame()
for i in ['marrmale','marrfemale','singmale','educ','exper','tenure','expersq','tenuresq']:
    data.exog[i] = data[i]
data.exog = sm.add_constant(data.exog)
```

（二）检验结果

模型检验结果如图 5.5 所示。

	coef	std err	t	P>|t|	[0.025	0.975]
const	0.2110	0.097	2.184	0.029	0.021	0.401
marrmale	0.3230	0.050	6.446	0.000	0.225	0.421
marrfemale	-0.0879	0.052	-1.679	0.094	-0.191	0.015
singmale	0.1104	0.056	1.980	0.048	0.001	0.220
educ	0.0789	0.007	11.787	0.000	0.066	0.092
exper	0.0268	0.005	5.112	0.000	0.017	0.037
tenure	0.0291	0.007	4.302	0.000	0.016	0.042
expersq	-0.0005	0.000	-4.847	0.000	-0.001	-0.000
tenuresq	-0.0005	0.000	-2.306	0.022	-0.001	-7.89e-05

图 5.5　婚姻对女性收入的影响

marrfemale 的系数为 -0.0879，即已婚女性比单身女性的小时工资减少 8.79%。从图 5.5 可以看出，在 10% 的置信水平上是显著的，但在 5% 的水平上是不显著的；而 *marrmale* 的 p 值几乎为零，非常显著。这说明至少在数据采集的年代，婚姻降低了女性的收入，男性则无论婚否收入都高于女性。

三、序数变量

 例 5.6 女性相貌吸引力对工资的影响（数据 BEAUTY.xls）

在进行数据分析时，我们常常会预见一类定性信息，如评价等级、优良中差等，且常用数字表达级别的差异，这种数据称为序数变量。以相貌吸引力为例，相貌吸引力可分为一般水平、低于一般水平（$belavg$）和高于一般水平（$abvavg$）三类，这类变量就可以表达为序数变量。本例基于美国女性相关数据，学习如何应用 Python 分析含有序数变量的模型。本例中的性别、相貌等变量仅分析该数据标签代表的数据特征，不讨论标签文字背后的社会问题。

（一）构建模型

本例讨论女性相貌吸引力对工资的影响。以一般水平为基准组，构建模型如下：

$$log(wage) = \beta_0 + \delta_0 belavg + \delta_1 abvavg + \beta_1 exper + \beta_2 educ + \beta_3 married$$
$$+ \beta_4 black + \beta_5 expersq$$

因为本例讨论的是女性相貌吸引力，所以除了考虑性别差异，还需要根据性别分别估计结果。

就女性而言，相关代码如下：

```
dt = data[data['female'] = = 1]
data.exog = pd.DataFrame()
for i in ['belavg','abvavg','exper','educ','married','expersq','black']:
    data.exog[i] = dt[i]
data.exog = sm.add_constant(data.exog)
ols_model = sm.OLS(dt.lwage,data.exog)
ols_model_result = ols_model.fit()
ols_model_result.summary()
```

（二）检验结果

结果如图 5.6 所示。对于女性而言，相貌低于平均水平会使收入比平均水平女性低 11.84%，仅在 10% 的置信水平上显著；而相貌高于平均水平的女性虽然显示收入更高，但是统计上不显著。

	coef	std err	t	P>|t|	[0.025	0.975]
const	0.0204	0.130	0.156	0.876	-0.236	0.277
belavg	-0.1184	0.068	-1.733	0.084	-0.253	0.016
abvavg	0.0450	0.050	0.892	0.373	-0.054	0.144
exper	0.0320	0.007	4.350	0.000	0.018	0.047
educ	0.0800	0.009	8.787	0.000	0.062	0.098
married	-0.0588	0.046	-1.290	0.198	-0.148	0.031
black	0.1477	0.071	2.077	0.038	0.008	0.288
expersq	-0.0005	0.000	-2.997	0.003	-0.001	-0.000

图 5.6　女性相貌吸引力对于工资的影响

第三节　自变量为虚拟变量时的交互作用

有时候，模型中的虚拟自变量之间也会产生交互作用。此时，我们通常会在模型中加入两个虚拟自变量的交乘项作为一个新的自变量。下面以棒球运动员薪水的影响因素为例，讨论两个虚拟自变量的交互影响如何检验和解释。

例 5.7　棒球运动员薪水的影响因素（数据 MLB1.xls）

本例基于美国棒球运动员薪水数据，学习如何应用 Python 检验和解释两个虚拟自变量的交互影响。以白人棒球运动员为基准，两个虚拟变量分别是黑人 $black$ 和拉丁裔 $hispan$，考虑所在城市的人群构成的交互作用，$percblck$ 表示城市中黑人占比，$perchisp$ 表示城市中拉丁裔占比，构建模型如下：

$$log(salary)=\beta_0+\delta_0 black+\delta_1 hispan+\delta_3 balck*percblck+\delta_4 hispan$$
$$*perchisp+\delta_1 years+\beta_2 gamesyr+\delta_3 bavg+\delta_4 hrunsyr$$
$$+\delta_5 rbisyr+\delta_6 runsyr+\delta_7 fldperc+\delta_8 allstar+u$$

本例的数据处理要复杂一些，因为数据集 MLB1.xls 中有些"脏数据"需要进行"数据清洗"，数据集中缺失数据显示的是"."，我们需要将这些数据删除后使用。

本例中先用 replace 方法将"."替换成缺失数据，"np.nan"就是代表缺失数据，然后再使用语句 dropna() 去掉缺失数据。具体代码如下：

```
data = pd.read_excel('d:/pythondata/mlb1.xls',header = None)
data.replace('.',np.nan,inplace = True)
data.dropna(inplace = True)
data.rename(columns = {46:'lsalary',24:'hispan',25:'black',39:'percblck',
40:'perchisp',46:'lsalary',3:'years',30:'gamesyr',12:'bavg',31:'hrunsyr',
35:'rbisyr'},inplace = True)
data['black*percblck'] = np.multiply(data['black'],data['percblck'])
data['hispan*perchisp'] = np.multiply(data['hispan'],data['perchisp'])
exog = data[['hispan','black','black*percblck','hispan*perchisp','years',
'gamesyr','bavg','hrunsyr','rbisyr']]
exog = sm.add_constant(exog)
```

语句 np.multiply(data['black'],data['percblck'])表示两列数据对应相乘,用于构造虚拟变量的交互项。

结果如图 5.7 所示。

	coef	std err	t	P>|t|	[0.025	0.975]
const	11.1461	0.354	31.496	0.000	10.450	11.842
hispan	-0.1866	0.155	-1.200	0.231	-0.492	0.119
black	-0.1298	0.126	-1.031	0.303	-0.378	0.118
black*percblck	0.0118	0.005	2.347	0.020	0.002	0.022
hispan*perchisp	0.0211	0.010	2.126	0.034	0.002	0.041
years	0.0745	0.013	5.885	0.000	0.050	0.099
gamesyr	0.0113	0.003	4.091	0.000	0.006	0.017
bavg	0.0013	0.001	0.913	0.362	-0.002	0.004
hrunsyr	0.0099	0.017	0.598	0.550	-0.023	0.042
rbisyr	0.0119	0.007	1.609	0.109	-0.003	0.026

图 5.7　种族对棒球运动员薪水的影响

本例关注的是和种族相关的虚拟变量,$hispan$ 的系数为 -0.1866。这意味着在其他条件不变的情况下,即在一个没有拉丁裔人口的城市,拉丁裔棒球运动员要比白人棒球运动员的收入少 18.7%(注意是对数工资)。当在一个拉丁裔人口占比较高的城市时,如数据中占比最高的 $perchisp = 31$,此时拉丁裔棒球运动员收入与白人棒球运动员收入的差异为 0.4675($-0.1866+0.0211\times31$),即反而高出 46.75%。拉丁裔比例至少要超过 8.84%($0.1866\div0.0211$),才能保证拉丁裔棒球运动员和白人棒球运动员同等收入。

第四节 因变量为二值虚拟变量的情形

在进行各类数据的分析检验时,所构建模型的因变量也可能是二值变量。当因变量是二值变量时,构建的多元线性回归模型又被称为线性概率模型。线性概率模型中的因变量的含义为"达成"或"成功"的概率,通常是取值为 1 的概率。下面以女性参加劳动力市场的影响因素为例,讨论二值因变量和线性概率模型的应用。

例 5.8 女性参与劳动力市场的影响因素(数据 MROZ.xls)

本例要研究女性参与劳动力市场的影响因素,$inlf$ 就是因变量。用 $inlf=1$ 表示女性为了工资在家庭以外工作过,参与过劳动力市场;否则,$inlf=0$。要检验哪些因素如何影响女性参与劳动力市场,就要考虑受教育程度($educ$),丈夫收入($nwifeinc$),过去在劳动力市场的经历($exper$),自身年龄(age),年龄低于 6 岁子女个数($kidslt6$),和年龄为 6~18 岁子女的个数($kidsge6$)。构建线性概率模型如下:

$$inlf=\beta_0+\beta_1 nwifeinc+\beta_2 educ+\beta_3 exper+\beta_4 exper^2+\beta_5 age+\beta_6 age$$
$$+\beta_6 kidslt6+\beta_7 kidsge6+u$$

计算过程代码为:

```
data = pd.read_excel('d:/pythondata/mroz.xls',header = None)
data = data.dropna()
data.rename(columns = {0:'inlf',2:'kidslt6',3:'kidsge6',4:'age',5:'educ',
18:'exper',19:'nwifeinc',21:'expersq'},inplace = True)
data.exog = pd.DataFrame()
in ['kidslt6','kidsge6','exper','educ','age','expersq','nwifeinc']:
    data.exog[i] = data[i]
data.exog = sm.add_constant(data.exog)
ols_model = sm.OLS(data.inlf,data.exog)
ols_model_result = ols_model.fit()
ols_model_result.summary()
```

运行结果如图 5.8 所示。

	coef	std err	t	P>|t|	[0.025	0.975]
const	0.5855	0.154	3.798	0.000	0.283	0.888
kidslt6	-0.2618	0.034	-7.814	0.000	-0.328	-0.196
kidsge6	0.0130	0.013	0.986	0.324	-0.013	0.039
exper	0.0395	0.006	6.962	0.000	0.028	0.051
educ	0.0380	0.007	5.151	0.000	0.024	0.052
age	-0.0161	0.002	-6.476	0.000	-0.021	-0.011
expersq	-0.0006	0.000	-3.227	0.001	-0.001	-0.000
nwifeinc	-0.0034	0.001	-2.351	0.019	-0.006	-0.001

图 5.8 女性参与劳动力市场影响因素

结果显示,除 $kidsge6$ 外的变量都是显著的,该结论和我们的直观认识是一致的。例如,$educ$ 系数 0.0380 意味着在其他因素不变的情况下,受教育程度提高妇女参与劳动力市场的概率($inlf = 1$ 的概率)会增加 3.8%。再如,年龄则会降低妇女参与劳动力市场的概率,年龄越大,参与的概率越低。

第六章　应用 Python 处理异方差性

异方差性(heteroscedasticity)是相对于同方差性而言的。同方差性是经典线性回归模型的一个重要假定,假定总体回归模型中的随机误差项满足同方差性,即它们都有相同的方差。如果线性回归模型不满足这一假定,即随机误差项具有不同的方差,则此线性回归模型存在异方差性。随机误差项一般包括的因素有:未知的影响因素,残缺数据,数据观察误差,模型设定误差及变量内在随机性,严重的异方差问题会影响模型估计和模型检验。因此在进行多元回归时,如果不存在异方差性,则 OLS 方法可以使用;但如果存在异方差性,则应当考虑如何纠正处理。本章介绍异方差性及其影响和处理方式,以及如何识别或检验是否存在异方差性。

第一节　异方差性及其影响

异方差性是指不同解释变量的误差项的方差是不相同的,即 $Var(u|x_1, x_2, \cdots, x_k)$ 不等于常数,u 的方差是随着解释变量变化而变化的。通俗的理解是每一行数据(记录)得到的误差是不同的。这个现象不符合多元线性回归的基本假设,即高斯-马尔科夫假定。异方差性使得经典 OLS 的假设不再成立。

图 6.1 形象地展示了异方差性。从图中可以看出,随着收入的提高,香烟消费量的范围明显增加了,误差项增加了。可见,收入对香烟消费而言是异方差的。图 6.1 的绘制代码请参照本章第三节例 6.5。

如果假设 MLR.1~假设 MLR.6 只放松同方差假定,即数据满足其他条件,只是存在异方差性,则 OLS 的结果基本还是成立的,只是估计参数的方差不再是无偏估计。计算出来的统计量不再服从 t 分布、卡方分布和 F 分布,导致 OLS 的结果的可信程度降低。

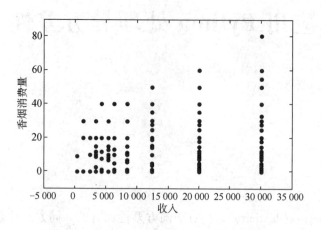

图 6.1 异方差性

第二节 异方差性检验

若线性回归模型存在异方差性,则用传统的 OLS 模型,得到的参数估计量不是有效估计量,甚至也不是渐近有效的估计量,此时也无法对模型参数进行显著性检验。因此,我们需要进行专门的检验来判断 OLS 模型是否存在异方差性。本节介绍两种检验异方差性的方法:布罗施-帕甘(Breusch-Pagan)检验和怀特(White)检验。

一、布罗施-帕甘检验

(一) 布罗施-帕甘检验步骤

布罗施-帕甘检验的步骤如下:

(1) 按照常规 OLS 计算得到残差平方 $\hat{u}^2$。

(2) 对 $\hat{u}^2$ 和 $x_1, x_2, \cdots, x_k$ 进行回归,得到新的 R 方 $R_{u^2}^2$。

(3) 构造 F 统计量利用 $F(k, n-k-1)$ 计算 p 值检验。

(4) 构造 LM 统计量利用 χ_k^2 检验。

(二) 应用 Python 实现布罗施-帕甘检验

 例 6.1 住房价格模型中的异方差性(数据 HPRICE2.xls)

本例使用住房价格模型来示范应用 Python 实现布罗施-帕甘检验的方法。

第一步,载入工具库,导入并整理数据,形成解释变量数据表 exog。

```
import pandas as pd
import statsmodels.api as sm
import numpy as np
from scipy import stats
data = pd.read_excel('d:/pythondata/hprice2.xls',header = None)
data.rename(columns = {0:'price',3:'lotsize',4:'sqrft',2:'bdrms'},
inplace = True)
data.exog = data[['lotsize','sqrft','bdrms']]
data.exog = sm.add_constant(data.exog)
```

第二步，使用 OLS 模型拟合数据计算残差平方。

```
ols_model = sm.OLS(data.price,data.exog)
ols_model_result = ols_model.fit()
ols_model_result.summary()
u2 = ols_model_result.resid ** 2
```

```
==============================================================================
Dep. Variable:                  price   R-squared:                       0.672
Model:                            OLS   Adj. R-squared:                  0.661
Method:                 Least Squares   F-statistic:                     57.46
Date:                Thu, 19 Apr 2018   Prob (F-statistic):           2.70e-20
Time:                        09:02:05   Log-Likelihood:                -482.88
No. Observations:                  88   AIC:                             973.8
Df Residuals:                      84   BIC:                             983.7
Df Model:                           3
Covariance Type:            nonrobust
==============================================================================
                 coef    std err          t      P>|t|      [95.0% Conf. Int.]
------------------------------------------------------------------------------
const        -21.7703     29.475     -0.739      0.462     -80.385      36.844
lotsize        0.0021      0.001      3.220      0.002       0.001       0.003
sqrft          0.1228      0.013      9.275      0.000       0.096       0.149
bdrms         13.8525      9.010      1.537      0.128      -4.065      31.770
==============================================================================
Omnibus:                       20.398   Durbin-Watson:                   2.110
Prob(Omnibus):                  0.000   Jarque-Bera (JB):               32.278
Skew:                           0.961   Prob(JB):                     9.79e-08
Kurtosis:                       5.261   Cond. No.                     6.41e+04
==============================================================================
```

图 6.2 例 6.1 的运行结果

第三步，根据残差平方与解释变量的回归模型计算新的 R^2。

#第二次回归

```
ols_bp = sm.OLS(u2,data.exog)
ols_bp_result = ols_bp.fit()
```

#计算 R^2

ols_bp_result.rsquared

ols_bp_result 的类型同 statsmodels 下的对象 RegressResults 的类型一致。该对象包含很多可以自动计算常见的统计和计量经济指标的方法。比如，R^2 可以通过 .rsquared 读取。

第四步，计算统计量和相应 p 值。

LM 统计量可以根据公式 $LM = n \times R_u^2$ 计算，n 是观测数据的数量，R_u^2 是残差回归模型的 R 方。用于比较的 F 统计量及其 p 值可以直接从 RegressResults 中读取。

n = len(data)

#构建 LM 统计量

LM = n * ols_bp_result.rsquared

#卡方分布 p 值

pvalue_chi2 = 1 - stats.chi2.cdf(LM,3)

#计算 F 值

ols_bp_result.fvalue

#计算 F 分布相应的 p 值

ols_bp_result.f_pvalue

结果显示，LM=14.1，对应自由度为 3（3 个解释变量）的卡方分布的 p 值=0.0028，这是一个非常小的数值，所以有很充足的理由拒绝原假设。即同方差性的假设，也就是说，模型是异方差的。

语句 1 - stats.chi2.cdf(LM,3) 用于计算自由度为 3 的卡方分布概率密度曲线分位值大于 LM 的部分的区域面积（表示概率，根据 p 值的定义，这个概率就是 p 值）。

F 统计量由系统自动计算，可以直接读取，F 统计量=5.34。F 分布的 p 值=0.002，同样拒绝原假设，结论与 LM 的卡方检验一致。

（三）用对数形式消除异方差性的影响

 例 6.2　住房价格模型的进一步探讨：对数形式（数据 **HPRICE2.xls**）

我们知道使用因变量的对数形式通常能够消除异方差性。本例将除 *bdrms* 外的变量都转换为对数形式,再次进行回归,结果如图 6.3 所示。

```
Dep. Variable:                    lprice   R-squared:                       0.643
Model:                               OLS   Adj. R-squared:                  0.630
Method:                    Least Squares   F-statistic:                     50.42
Date:                 Thu, 19 Apr 2018     Prob (F-statistic):           9.74e-19
Time:                         09:09:20     Log-Likelihood:                 25.861
No. Observations:                   88     AIC:                            -43.72
Df Residuals:                       84     BIC:                            -33.81
Df Model:                            3
Covariance Type:              nonrobust
------------------------------------------------------------------------------
                 coef    std err          t      P>|t|      [95.0% Conf. Int.]
------------------------------------------------------------------------------
const         -1.2970      0.651     -1.992      0.050      -2.592     -0.002
llotsize       0.1680      0.038      4.388      0.000       0.092      0.244
lsqrft         0.7002      0.093      7.540      0.000       0.516      0.885
bdrms          0.0370      0.028      1.342      0.183      -0.018      0.092
------------------------------------------------------------------------------
Omnibus:                        12.060   Durbin-Watson:                   2.089
Prob(Omnibus):                   0.002   Jarque-Bera (JB):               34.890
Skew:                           -0.188   Prob(JB):                     2.65e-08
Kurtosis:                        6.062   Cond. No.                         410.
```

图 6.3　例 6.2 的运行结果

本例需同样重复例 6.1 中的步骤进行检验,这时可以考虑将上述计算步骤转化成一个 Python 函数,以后需要重复使用时直接调用函数就可以计算了。

1. 设置布罗施-帕甘检验的 Python 函数

设置布罗施-帕甘检验 Python 函数的代码如下:

```python
def bp_test(data,endog,exog,k):
    exog = sm.add_constant(data[exog])
    ols_model = sm.OLS(data[endog],exog)
    ols_model_result = ols_model.fit()
    u2 = ols_model_result.resid ** 2
    n = len(data)
    ols_bp = sm.OLS(u2,exog)
    ols_bp_result = ols_bp.fit()
    LM = n * ols_bp_result.rsquared
    pvalue_chi2 = 1 - stats.chi2.cdf(LM,k)
    ols_bp_result.fvalue
    ols_bp_result.f_pvalue
    return (ols_bp_result.fvalue,ols_bp_result.f_pvalue,LM,pvalue_chi2)
```

这里的输入参数有 4 个,分别是数据表、因变量、自变量和自变量个数。其中,自变量和因变量是变量名称列表。函数结果返回一个“字典”类型数据,内容分别是 F 统计量及其 p 值,LM 统计量及其 p 值。

2. 代入参数调用函数

代入对数形式的参数后,直接调用如下函数:

```
exog = ['llotsize','lsqrft','bdrms']
endog = ['lprice']
bp_test(data,endog,exog,3)
```

结果显示,F 统计量为 1.411(p 值=0.245),LM 统计量为 4.223(p 值=0.238)。p 值都很大,不能拒绝原假设,即数据是同方差的。这再一次证明因变量使用对数值能够消除异方差性。

二、怀特检验

(一) 怀特检验步骤

怀特检验的基本步骤如下:

(1) 运行常规 OLS 模型,得到残差平方 $\hat{u}^2$ 和拟合值 $\hat{y}$。

(2) 对拟合值及其平方进行 OLS 拟合,计算新 R 方 $R_{u^2}^2$。

(3) 构造 F 统计量,利用 f 检验(自由度为 2 和 $n-3$);或者构造 LM 统计量,利用卡方分布检验(自由度为 2)。

(二) 用 Python 实现怀特检验

例 6.3 住房价格模型的进一步探讨:怀特检验(数据 HPRICE2.xls)

承例 6.2,数据相同,但解释变量和被解释变量取对数值。构建回归模型如下:

$$log(price)=\beta_0+\beta_1 log(lotsize)+\beta_2 log(sqrft)+\beta_3 bdrms$$

第一步,工具库载入,输入导入和预处理工作是通过新增一个空数据表,然后将取对数后的数据逐一增加到该数据表中,加入常数项后,形成解释变量数据表。

```
data = pd.read_excel('d:/pythondata/hprice2.xls',header = None)
data.rename(columns = {0:'price',3:'lotsize',4:'sqrft',2:'bdrms'},
inplace = True)
data.exog = pd.DataFrame()
data.exog['log_lotsize'] = np.log(data['lotsize'])
data.exog['log_sqrft'] = np.log(data['sqrft'])
data.exog['bdrms'] = data['bdrms']
```

```
data.exog = sm.add_constant(data.exog)
```

第二步,根据上述回归方程建立模型并拟合数据计算残差平方和拟合值。

```
ols_model = sm.OLS(np.log(data.price),data.exog)
ols_model_result = ols_model.fit()
ols_model_result.summary()
```

#计算残差平方

```
u2 = ols_model_result.resid ** 2
```

#计算拟合值

```
ols_model_result.fittedvalues
```

根据下述方程进行第二次 OLS 计算。

$$\hat{u}^2 = \delta_0 + \delta_1\hat{y} + \delta_2\hat{y}^2 + 误差项$$

怀特检验的原假设为模型是同方差的,即 $H_0:\delta_1 = 0$ 和 $\delta_2 = 0$。

解释变量是 OLS 模型的拟合值及其平方。使用.fittedvalues 方法获取拟合值,并将其存储在新的数据表中,然后计算其平方,存入相同的数据表中,分别命名为"y1"和"y2"。

```
n = len(data)
```

#建立解释变量数据表

```
db = pd.DataFrame()
db['y1'] = ols_model_result.fittedvalues
db['y2'] = db['y1'] ** 2
db = sm.add_constant(db)
```

#构建模型并拟合数据

```
ols_white = sm.OLS(u2,db)
ols_white_result = ols_white.fit()
```

第三步,计算 LM 统计量和卡方检验 p 值,直接读取 F 检验 p 值。

```
LM_white = n * ols_white_result.rsquared
pvalue_chi2 = 1 - stats.chi2.cdf(LM_white,2)
ols_white_result.f_pvalue
```

怀特检验 LM=3.45,自由度为 2 的卡方分布的 p 值=0.178,这是一个比较大的值,所以不能够拒绝原假设。也就是说,模型是同方差的,常规 OLS 结果是可信的。

再看 F 检验的 p 值=0.183,这是维持原假设的更强的证据。F 检验和 LM 卡方检验结论是一致的。

本例和例 6.1 模型相比,数据都是以 OLS 为基础的模型,但是异方差性差别很大,差异就在于对数化处理。这具有一般性意义,即对解释变量和被解释变量取对数能够消除异方差性。

第三节 异方差性处理

一、加权最小二乘估计

若线性回归模型存在异方差性,则用传统的最小二乘法估计模型,得到的参数估计量不是有效估计量,甚至也不是渐近有效的估计量,此时也无法对模型参数进行有关显著性检验。对存在异方差性的模型可以采用加权最小二乘法进行估计。加权最小二乘估计是指对原模型进行加权,使之成为一个新的不存在异方差性的模型,然后采用普通最小二乘法估计其参数的一种数学优化技术。

如果异方差的函数形式是已知的,即方程可以表示为:$Var(u|X)=\sigma^2 h(x)$,$h(x)$ 是解释变量的函数,则可以使用加权最小二乘估计(weighted least squares estimation)的方法拟合参数。

(一)加权最小二乘估计步骤

加权最小二乘估计的计算步骤如下:
(1)获得方差的函数 h_i。
(2)计算权重 $1/h_i$。
(3)将权重代入模型进行回归计算。

例 6.4　金融财富房产模型(数据 401KSUBS.xls)

本例用美国金融财务房产的示例数据讨论加权最小二乘估计法的应用的 Python 实现步骤和代码,构建模型。研究个人财富净值($nettfa$)与收入(inc)、年龄(age)、性别($male$)和是否有资格销售 401k 养老金计划($e401k$)的关系。模型中的一些变量(如 $e401k$)是属于美国政策背景的特定数据,本例只分析数据显示的结果,不探讨数据结果背后的政策、文化和社会问题。

（二）Python 应用步骤和代码

Python 应用步骤和代码如下：

第一步，加载整理数据。

```
data = pd.read_excel('d:/pythondata/401ksubs.xls',header = None)
data.rename(columns = {0:'e401k',1:'inc',3:'male',4:'age',5:'fsize',
6:'nettfa'},inplace = True)
data = data[data.fsize = = 1]
data['age_25'] = (data.age - 25) * * 2
exog = data[['inc','age_25','male','e401k']]
exog1 = data[['inc']]
exog = sm.add_constant(exog)
exog1 = sm.add_constant(exog1)
```

示例数据 401KSUBS.xls 中包括个人和家庭数据，我们只研究个人数据，要通过语句 data = data[data.fsize = = 1] 筛选出 fsize＝1 的数据。有研究发现财务净值和年龄是二次关系，即年龄超过 25 岁以后，财务净值和年龄正相关。因此通过语句 data['age_25'] = (data.age - 25) ** 2 构造一个新解释变量"age_25"，表示$(age-25)^2$。

我们通过两个模型研究收入（inc）和财富净值（$nettfa$）的关系，一个是 inc 和 $nettfa$ 的线性模型，另一个是增加其他控制变量后的模型。每种模型又通过 OLS 和 WLS 两种方法拟合求解，可得到四种结果。通过比较四种结果能够更好把握 inc 和 $nettfa$ 之间的关系。于是设定两个外生变量 $exog$ 和 $exog1$。

第二步，建模并拟合。

```
res = sm.OLS(data.nettfa,exog).fit()
res.summary()
res1 = sm.OLS(data.nettfa,exog1).fit()
res1.summary()
```

分别针对有控制变量和不控制变量的两个模型进行回归，得到两个拟合结果，如图 6.4 和图 6.5 所示。

第三步，利用加权最小二乘法估计消除异方差的影响。

本例因为存在异方差性，所以需要通过处理以消除异方差性的影响。假定方差是收入（inc）的倍数，即 $Var(u|X)=\sigma^2 inc$，$h(x)=inc$。函数形式已知，可以利用加权最小二乘法估计。

```
==============================================================================
Dep. Variable:                 nettfa   R-squared:                       0.083
Model:                            OLS   Adj. R-squared:                  0.082
Method:                 Least Squares   F-statistic:                     181.6
Date:                Thu, 19 Apr 2018   Prob (F-statistic):           1.08e-39
Time:                        13:42:05   Log-Likelihood:                -10565.
No. Observations:                2017   AIC:                         2.113e+04
Df Residuals:                    2015   BIC:                         2.115e+04
Df Model:                           1
Covariance Type:            nonrobust
==============================================================================
                 coef    std err          t      P>|t|      [95.0% Conf. Int.]
------------------------------------------------------------------------------
const        -10.5710      2.061     -5.130      0.000     -14.612     -6.530
inc            0.8207      0.061     13.476      0.000       0.701      0.940
==============================================================================
Omnibus:                     3687.885   Durbin-Watson:                   1.966
Prob(Omnibus):                  0.000   Jarque-Bera (JB):         6061860.536
Skew:                          12.998   Prob(JB):                         0.00
Kurtosis:                     270.308   Cond. No.                         68.7
==============================================================================
```

图 6.4 无控制因素的模型的拟合结果

```
==============================================================================
Dep. Variable:                 nettfa   R-squared:                       0.128
Model:                            OLS   Adj. R-squared:                  0.126
Method:                 Least Squares   F-statistic:                     73.75
Date:                Thu, 19 Apr 2018   Prob (F-statistic):           2.18e-58
Time:                        13:42:36   Log-Likelihood:                -10514.
No. Observations:                2017   AIC:                         2.104e+04
Df Residuals:                    2012   BIC:                         2.107e+04
Df Model:                           4
Covariance Type:            nonrobust
==============================================================================
                 coef    std err          t      P>|t|      [95.0% Conf. Int.]
------------------------------------------------------------------------------
const        -20.9850      2.472     -8.489      0.000     -25.833    -16.137
inc            0.7706      0.061     12.540      0.000       0.650      0.891
age_25         0.0251      0.003      9.689      0.000       0.020      0.030
male           2.4779      2.048      1.210      0.226      -1.538      6.494
e401k          6.8862      2.123      3.243      0.001       2.722     11.050
==============================================================================
Omnibus:                     3739.993   Durbin-Watson:                   1.973
Prob(Omnibus):                  0.000   Jarque-Bera (JB):         6814964.629
Skew:                          13.368   Prob(JB):                         0.00
Kurtosis:                     286.506   Cond. No.                      1.43e+03
==============================================================================
```

图 6.5 增加控制因素的模型的拟合结果

```python
def WLS(data,endog,exog,h):
    exog = sm.add_constant(data[exog])
    h_hat = data[h]
    weights = np.reciprocal(h_hat)
    wls_model = sm.WLS(data[endog],exog,weights = weights)
    wls_model_result = wls_model.fit()
    print(wls_model_result.summary())
    return(wls_model_result.f_pvalue)
```

我们设计了一个函数进行加权最小二乘估计。函数需要 4 个变量：数据表 $data$，因变量 $endog$，自变量 $exog$ 和方差的函数形式 $h(x)$。

```python
data = data
endog = ['nettfa']
```

```
exog = ['inc','age_25','male','e401k']
h = ['inc']
```

#调用函数

```
wls_model = WLS(data,endog,exog,h)
```

函数的计算过程就是加权最小二乘法 WLS 的计算过程。语句 h_hat = data[h]就是 $h(x)$，语句 weights = np.reciprocal(h_hat)是计算 $h(x)$ 的倒数，statsmodels 提供了 WLS 的工具 sm.WLS()。与 sm.OLS()的参数类似，sm.WLS()只是增加了一个权重参数。语句 sm.WLS(data.nettfa,exog,weights = weights)就是进行 WLS 回归算法。

结果如图 6.6 所示。

```
Dep. Variable:              nettfa    R-squared:                    0.112
Model:                         WLS    Adj. R-squared:               0.110
Method:              Least Squares    F-statistic:                  63.13
Date:             Thu, 19 Apr 2018    Prob (F-statistic):        2.51e-50
Time:                     14:44:23    Log-Likelihood:              -10083.
No. Observations:             2017    AIC:                       2.018e+04
Df Residuals:                 2012    BIC:                       2.020e+04
Df Model:                        4
Covariance Type:         nonrobust
                 coef    std err          t      P>|t|      [95.0% Conf. Int.]
const        -16.7025      1.958     -8.530      0.000     -20.542    -12.863
inc            0.7404      0.064     11.514      0.000       0.614      0.866
age_25         0.0175      0.002      9.080      0.000       0.014      0.021
male           1.8405      1.564      1.177      0.239      -1.226      4.907
e401k          5.1883      1.703      3.046      0.002       1.848      8.529
Omnibus:                  3669.299    Durbin-Watson:                1.984
Prob(Omnibus):               0.000    Jarque-Bera (JB):       6357163.740
Skew:                       12.819    Prob(JB):                      0.00
Kurtosis:                  276.835    Cond. No.                  1.50e+03
```

图 6.6　WLS 回归结果

将自变量改为 *exog*1，代入函数计算的结果如图 6.7 所示。

```
Dep. Variable:              nettfa    R-squared:                    0.071
Model:                         WLS    Adj. R-squared:               0.070
Method:              Least Squares    F-statistic:                  153.7
Date:             Thu, 19 Apr 2018    Prob (F-statistic):        4.52e-34
Time:                     14:46:23    Log-Likelihood:              -10128.
No. Observations:             2017    AIC:                       2.026e+04
Df Residuals:                 2015    BIC:                       2.027e+04
Df Model:                        1
Covariance Type:         nonrobust
                 coef    std err          t      P>|t|      [95.0% Conf. Int.]
const         -9.5807      1.653     -5.795      0.000     -12.823     -6.338
inc            0.7871      0.063     12.398      0.000       0.663      0.912
Omnibus:                  3616.160    Durbin-Watson:                1.978
Prob(Omnibus):               0.000    Jarque-Bera (JB):       5622083.489
Skew:                       12.455    Prob(JB):                      0.00
Kurtosis:                  260.441    Cond. No.                      55.9
```

图 6.7　自变量改为 *exog*1 后的运行结果

二、异方差性的检验及纠正

（一）广义最小二乘估计步骤

线性最小二乘估计在模型误差为相关噪声时是有偏估计，即其估计值存在偏差。这时采用广义最小二乘估计（GLS）能获得较精确的结果。加权最小二乘估计是假定每条数据的方差是解释变量的某个函数，即 $Var(u|x)=\sigma^2 h(x)$，$h(x)$ 是解释变量的函数。通常，$h(x)$ 是未知的，所以需要先估计 $h(x)$，然后经过变换转化为同方差模型。常用的方法是假定 $h(x)$ 是所欲解释变量的线性函数，即：

$$Var(u|x)=\sigma^2 exp(\delta_0+\delta_1 x_1+\delta_2 x_2+\cdots+\delta_k x_k)$$

在以上假设基础上，一般的纠正异方差性的广义最小二乘估计步骤如下：

（1）通过常规 OLS 得到残差 $\hat{u}$。

（2）计算残差平方的对数值 $\log(\hat{u}^2)$。

（3）$\log(\hat{u}^2)$ 与 $x_1, x_2, \cdots, x_k$ 回归并得到拟合值 $\hat{g}$。

（4）计算权重＝$1/\exp(\hat{g})$。

（二）异方差性的检验

 例 6.5　计算"对香烟的需求"（数据 SMOKE.xls）

本例基于美国香烟需求相关数据学习如何应用 Python 进行异方差性的检验。本例研究的被解释变量为每日吸烟数量（*cigs*），解释变量包括吸烟人群的年收入（*income*）、每包香烟的价格（*cigpric*）、吸烟者年龄（*age*）、受教育年数（*educ*）、吸烟是否受限制（*rsetaurn*）。本例仅讨论分析示例数据显示的结果，不讨论示例数据背后的文化和社会问题。构建本例研究的回归模型如下：

$$cigs=\beta_0+\beta_1 log(income)+\beta_2 log(cigpric)+\beta_3 educ+\beta_4 age+\beta_5 age^2$$
$$+\beta_6 restaurn+u$$

- *cigs*：每日吸烟数量
- *income*：年收入
- *cigpric*：每包烟的价格（美分）
- *age*：年龄
- *educ*：受教育年数

• *rsetaurn*：二元虚拟变量，当个体所在州有餐馆吸烟限制时等于 1

第一步，工具库载入和数据处理。

```
import pandas as pd
import statsmodels.api as sm
import numpy as np
from scipy import stats
data = pd.read_excel('d:/pythondata/smoke.xls',header = None)
data.rename(columns = {5:'cigs',1:'cigpric',4:'income',0:'educ',3:'age',
6:'restaurn'},inplace = True)
data['lincome'] = np.log(data['income'])
data['lcigpric'] = np.log(data['cigpric'])
data['agesq'] = data['age'] ** 2
exog = data[['lincome','lcigpric','educ','age','agesq','restaurn']]
exog = sm.add_constant(exog)
```

第二步，先进行常规 OLS 分析，并进行异方差检验。

```
ols_model = sm.OLS(data.cigs,exog)
ols_model_result = ols_model.fit()
ols_model_result.summary()
```

结果如图 6.8 所示，对结果进行初步分析，发现并非所有参数都是统计显著的。

```
==============================================================================
Dep. Variable:                   cigs   R-squared:                       0.053
Model:                            OLS   Adj. R-squared:                  0.046
Method:                 Least Squares   F-statistic:                     7.423
Date:                Thu, 19 Apr 2018   Prob (F-statistic):           9.50e-08
Time:                        08:47:44   Log-Likelihood:                -3236.2
No. Observations:                 807   AIC:                             6486.
Df Residuals:                     800   BIC:                             6519.
Df Model:                           6
Covariance Type:            nonrobust
==============================================================================
                 coef    std err          t      P>|t|      [95.0% Conf. Int.]
------------------------------------------------------------------------------
const         -3.6399     24.079     -0.151      0.880     -50.905      43.625
lincome        0.8803      0.728      1.210      0.227      -0.548       2.309
lcigpric      -0.7509      5.773     -0.130      0.897     -12.084      10.582
educ          -0.5015      0.167     -3.002      0.003      -0.829      -0.174
age            0.7707      0.160      4.813      0.000       0.456       1.085
agesq         -0.0090      0.002     -5.176      0.000      -0.012      -0.006
restaurn      -2.8251      1.112     -2.541      0.011      -5.007      -0.643
==============================================================================
Omnibus:                      225.317   Durbin-Watson:                   2.013
Prob(Omnibus):                  0.000   Jarque-Bera (JB):              494.255
Skew:                           1.536   Prob(JB):                     4.72e-108
Kurtosis:                       5.294   Cond. No.                      1.33e+05
==============================================================================
```

图 6.8　例 6.5 的运行结果

（三）异方差性的纠正

下面在上述两步的基础上进行，异方差纠正处理。

通过 Breusch-Pagan 检验该模型的具体步骤参见本章第二节中的详细介绍，LM 统计量的卡方分布 p 值＝0.000012，F 分布 p 值＝0.000015，值都非常小，所以很明显具有异方差性。因此，我们采用加权最小二乘估计进行异方差纠正处理。

结合图 6.1 分析，我们也可以看出 *cigs* 和 *income* 的异方差性，绘制代码如下：

#异方差图示

```
import matplotlib.pyplot as plt
plt.scatter(data.income,data.cigs)
plt.title('cigs and income')
plt.xlabel('income')
plt.ylabel('cigs')
plt.show()
```

首先在常规 OLS 基础上得到残差平方对数值，然后根据本部分"（一）广义最小二乘估计步骤"中的步骤(3)所示回归方程求得拟合值，最后计算权重。

#计算残差平方对数值

```
u2_log = np.log(ols_model_result.resid ** 2)
```

#建立新的回归方程

```
ols_gls = sm.OLS(u2_log,exog)
```

#拟合数据

```
ols_gls_result = ols_gls.fit()
```

#得到拟合值

```
g_hat = ols_gls_result.fittedvalues
h_hat = np.exp(g_hat)
```

#计算权重

```
weights = 1/h_hat
```

利用 statsmodels 自带的加权最小二乘法的工具进行拟合求出 WLS 估计的参数。

WLS方法

```
wls_model = sm.WLS(data.cigs,exog,weights = weights)

wls_model.result = wls_model.fit()

print(wls_model.result.summary())

wls_model.result.f_pvalue
```

语句 sm.WLS 是自带的最小二乘估计方法,其中的参数 weights 就是我们刚刚计算的权重。回归参数如图 6.9 所示。

```
Dep. Variable:              cigs     R-squared:                0.113
Model:                       WLS     Adj. R-squared:           0.107
Method:            Least Squares     F-statistic:               17.06
Date:          Thu, 19 Apr 2018     Prob (F-statistic):     1.32e-18
Time:                  08:50:26     Log-Likelihood:          -3207.8
No. Observations:            807     AIC:                       6430.
Df Residuals:                800     BIC:                       6462.
Df Model:                      6
Covariance Type:       nonrobust

                 coef    std err        t      P>|t|     [95.0% Conf. Int.]

const          5.6353     17.803     0.317     0.752     -29.311    40.582
lincome        1.2952      0.437     2.964     0.003       0.437     2.153
lcigpric      -2.9403      4.460    -0.659     0.510     -11.695     5.815
educ          -0.4634      0.120    -3.857     0.000      -0.699    -0.228
age            0.4819      0.097     4.978     0.000       0.292     0.672
agesq         -0.0056      0.001    -5.990     0.000      -0.007    -0.004
restaurn      -3.4611      0.796    -4.351     0.000      -5.023    -1.900

Omnibus:                 325.056     Durbin-Watson:             2.050
Prob(Omnibus):             0.000     Jarque-Bera (JB):       1258.146
Skew:                      1.908     Prob(JB):              6.27e-274
Kurtosis:                  7.780     Cond. No.                2.30e+05
```

图 6.9 回归参数

与常规 OLS 参数相比,参数绝对值都不同,但是正负号都相同。从显著性角度分析,除了香烟价格不显著,其他参数都是统计显著的。进一步解读,年收入每增加 10%,香烟消费量将每天增加 0.13 支(1.295×10%);受教育年数每增加 1 年,香烟消费量将每天减少 0.46 支;年龄和对香烟的需求之间是二次关系,在大约 43 岁前年龄每增长 1 岁,香烟消费量每天增加 0.48 支,之后年龄每增加 1 岁,香烟消费量每天减少 0.0056 支;餐馆限制吸烟将减少香烟消费量。至于为什么香烟价格不显著,可能的解释是香烟价格只随样本中不同的州而变化,所以 $log(cigpric)$ 的波动性比 $log(income)$、$educ$ 和 age 都要小得多。

第七章 应用 Python 处理简单面板数据

根据个体和时间维度数据一般分为横截面数据(cross-sectional data)、时间序列数据(time series)、面板数据(panel data)和独立混合横截面数据(independently pooled cross-sectional data)四类。横截面数据是同一时间对不同个体观测数据;时间序列数据是单一个体多个时间的重复观测数据;面板数据是确定的多个个体不同时间的观测数据;独立混合横截面数据是随机抽取的多个随机个体在不同时间的观测数据。横截面数据和时间序列数据都是一维数据,面板数据和独立混合横截面数据是二维数据。

本章学习如何应用 Python 进行独立混合横截面数据和两期面板数据的处理。

第一节 独立混合横截面数据分析

一、不同时期的差异分析

 例 7.1 不同时期的妇女生育率(数据 FERTIL1.xls)

本例基于 1972 年和 1982 年美国妇女生育率及其相关影响因素的数据,研究这两个年份妇女生育率的变化。调研的女性是从庞大的人群中随机抽样获得的多个女性个体,且两个年份抽样的女性可能不相同,因此,这些数据属于独立混合横截面数据。本例关注的是,在控制了如受教育程度、年龄、种族等因素,并在模型中引入年度虚拟变量后,生育率是否有差异。

(一) 构建模型

以 1972 年为基准,其他年度虚拟变量的含义是相对于 1972 年的变化数量。构建模型如下:

$$kids = \beta_0 + \beta_1 age + \beta_2 age^2 + \beta_3 black + \beta_4 east + \beta_5 northcen + \beta_6 west$$
$$+ \beta_7 farm + \beta_8 othrural + \beta_9 town + \beta_{10} smcity + \delta_1 y_{74} + \delta_2 y_{76}$$
$$+ \delta_3 y_{78} + \delta_4 y_{80} + \delta_5 y_{82} + \delta_6 y_{84} + u \tag{7.1}$$

（二）Python 代码

代码如下：

```
data = pd.read_excel('d:/pythondata/fertil1.xls',header = None)
data.rename(columns = {1:'edu',4:'age',5:'kids',6:'black',7:'east',
8:'northcen',9:'west',10:'farm',11:'othrural',12:'town',13:'smcity',
14:'y74',15:'y76',16:'y78',17:'y80',18:'y82',19:'y84'},inplace = True)
data.exog = data[['edu','age','black','east','northcen','west','farm',
'othrural','town','smcity','y74','y76','y78','y80','y82','y84']]
data.exog['age2'] = data['age'] ** 2
data.exog = sm.add_constant(data.exog)
ols_model = sm.OLS(data.kids,data.exog)
ols_model_result = ols_model.fit()
ols_model_result.summary()
```

（三）运行结果

图 7.1 回归结果显示，受教育程度（edu）的系数是 -0.13，意味着女性每多接受 1 年学校教育，平均少生 0.13 个孩子。结果还显示，女姓年龄每增长 1 岁就会多生 0.53 个孩子。$y82$ 的系数为 -0.52，其含义是相对于 1972 年，在教育、年龄等因素不变的情况下，1982 年的女性比 1972 年的女性少生 0.52 个孩子，这一结论去除了教育和年龄等因素的影响。

二、不同时期不同因素影响的差异分析

例 7.2　不同时期不同教育水平和性别的工资差异分析（数据 WAGEPAN.xls）

本例研究不同时期因教育水平和性别不同造成的工资差异是否有变化，采用美国 1978—1985 年的工资数据进行检验。本例分析的被解释变量是工资（$wage$），主要解释变量是教育水平（$educ$）和性别（$female$）。

```
Dep. Variable:                    kids   R-squared:                0.130
Model:                            OLS    Adj. R-squared:           0.116
Method:                  Least Squares   F-statistic:              9.723
Date:                 Mon, 20 Jan 2020   Prob (F-statistic):    2.42e-24
Time:                         13:51:54   Log-Likelihood:         -2091.2
No. Observations:                 1129   AIC:                      4218.
Df Residuals:                     1111   BIC:                      4309.
Df Model:                           17
Covariance Type:             nonrobust
===============================================================================
                 coef     std err       t      P>|t|     [0.025     0.975]
-------------------------------------------------------------------------------
const         -7.7425       3.052    -2.537     0.011    -13.730    -1.755
edu           -0.1284       0.018    -6.999     0.000     -0.164    -0.092
age            0.5321       0.138     3.845     0.000      0.261     0.804
black          1.0757       0.174     6.198     0.000      0.735     1.416
east           0.2173       0.133     1.637     0.102     -0.043     0.478
northcen       0.3631       0.121     3.004     0.003      0.126     0.600
west           0.1976       0.167     1.184     0.237     -0.130     0.525
farm          -0.0526       0.147    -0.357     0.721     -0.341     0.236
othrural      -0.1629       0.175    -0.928     0.353     -0.507     0.181
town           0.0844       0.125     0.677     0.498     -0.160     0.329
smcity         0.2119       0.160     1.322     0.187     -0.103     0.526
y74            0.2682       0.173     1.553     0.121     -0.071     0.607
y76           -0.0974       0.179    -0.544     0.587     -0.449     0.254
y78           -0.0687       0.182    -0.378     0.706     -0.425     0.288
y80           -0.0713       0.183    -0.390     0.697     -0.430     0.287
y82           -0.5225       0.172    -3.030     0.003     -0.861    -0.184
y84           -0.5452       0.175    -3.124     0.002     -0.888    -0.203
age2          -0.0058       0.002    -3.710     0.000     -0.009    -0.003
===============================================================================
```

图 7.1　例 7.1 的运行结果

(一) 构建模型

考虑到工会对薪酬的影响,我们在模型中增加虚拟变量 $union$,如果是工会会员则 $union=1$,否则为 0。同时考虑到工作经历 $exper$ 的影响,我们将其也纳入模型中进行控制。将 1978 年作为基准年,设定虚拟变量 $y85$,如果是 1985 年的数据则 $y85=1$,否则为 0。构建模型如下:

$$log(wage)=\beta_0+\delta_0 y85+\beta_1 educ+\delta_1 y85*educ+\beta_2 exper+\beta_3 exper^2$$
$$+\beta_4 union+\beta_5 female+\delta_2 y85*female+u \tag{7.2}$$

通过模型和表 7.1 的分析,本例中要分析特定时期(1985 年)的教育回报差异和性别回报差异的关键在于研究 δ_1 和 δ_2 是否不等于零。

表 7.1　例 7.2 的模型设计思路

年份(年)	$y85$	教育回报	性别回报
1978	0	$\beta_0+\beta_1$	$\beta_0+\beta_5$
1985	1	$\beta_0+\beta_1+\delta_1$	$\beta_0+\beta_5+\delta_2$

(二) Python 代码

代码如下:

```
import pandas as pd
import statsmodels.api as sm
import numpy as np
from scipy import stats
data = pd.read_excel('d:/pythondata/wagepan.xls',header = None)
data.rename(columns = {1:'year',3:'exper',16:'educ',17:'union',18:'lwage',
26:'expersq',27:'female'},inplace = True)


data.loc[data['year'] = = 1985,'y85'] = 1
data.loc[data['year']! = 1985,'y85'] = 0
data['y85_educ'] = np.multiply(data['y85'],data['educ'])
data['y85_female'] = np.multiply(data['y85'],data['female'])


data.exog = data[['y85','educ','y85_educ','exper','expersq','union',
'female','y85_female']]
data.exog = sm.add_constant(data.exog)


ols_model = sm.OLS(data.lwage,data.exog)
ols_model_result = ols_model.fit()
ols_model_result.summary()
```

（三）运行结果

图 7.2 回归结果显示，$\delta_1 = 0.0016$，$\delta_2 = 0.0168$，都显著不为 0，说明特定时期（1985年）教育回报和性别回报有差异。个体受教育程度（edu）的系数是 0.1027，意味着女性每多接受 1 年学校教育，平均薪资会提升 0.1027 美元，所以受教育程度的提高会带来更高的工资报酬；与基准年相比，1985 年工资的整体影响是下降的，但是受教育程度的提高会带来工资的提升，虽然提升的幅度不大（$\delta_1 = 0.0016$）。女性（$female$）的系数是 -0.0201，意味着女性的整体报酬更低，但是特定时期（1985 年）女性的工资显著提升 1.68%（$\delta_2 = 0.0168$）。结论可以概括为，提升受教育程度会提高工资水平，女性的工资水平相比以前在提升。

Dep. Variable:	lwage	R-squared:	0.168
Model:	OLS	Adj. R-squared:	0.166
Method:	Least Squares	F-statistic:	109.5
Date:	Tue, 24 Aug 2021	Prob (F-statistic):	4.11e-167
Time:	13:09:29	Log-Likelihood:	-3039.6
No. Observations:	4360	AIC:	6097.
Df Residuals:	4351	BIC:	6155.
Df Model:	8		
Covariance Type:	nonrobust		

	coef	std err	t	P>|t|	[0.025	0.975]
const	-0.0773	0.067	-1.146	0.252	-0.210	0.055
y85	-0.0299	0.155	-0.193	0.847	-0.334	0.274
educ	0.1027	0.005	21.099	0.000	0.093	0.112
y85_educ	0.0016	0.013	0.125	0.901	-0.024	0.027
exper	0.0992	0.010	9.602	0.000	0.079	0.120
expersq	-0.0032	0.001	-4.369	0.000	-0.005	-0.002
union	0.1730	0.017	10.067	0.000	0.139	0.207
female	-0.0210	0.016	-1.335	0.182	-0.052	0.010
y85_female	0.0168	0.045	0.376	0.707	-0.071	0.104

Omnibus:	1263.887	Durbin-Watson:	0.980
Prob(Omnibus):	0.000	Jarque-Bera (JB):	10169.392
Skew:	-1.154	Prob(JB):	0.00
Kurtosis:	10.117	Cond. No.	1.41e+03

图 7.2 例 7.2 的运行结果

三、不同时期同一因素不同取值的差异分析

 例 7.3 环境因素对住房价格的影响（数据 KIELMC.xls）

本例研究环境因素对住房价格的影响，并将垃圾焚化炉的远近作为环境因素的代理变量。本例的数据样本为美国的垃圾焚化炉和住房相关数据，研究 1981 年开始动工的垃圾焚化炉对住房价格产生怎样影响。

（一）构建模型

将 1978 年和 1981 年的住房数据进行比较，设定虚拟变量 *nearinc* 表示是否靠近垃圾焚化炉，如果靠近（3 英里内）则为 1，否则为 0。构建模型如下：

$$rprice = \beta_0 + \delta_0 y81 + \beta_1 nerainc + \delta_1 y81 * nearinc + u$$

模型设计思路如表 7.2 所示。

表 7.2　例 7.3 的模型设计思路

年份(年)	y81	靠近	不靠近
1978	0	$\beta_0 + \beta_1$	β_0
1981	1	$\beta_0 + \delta_0 + \beta_1 + \delta_1$	$\beta_0 + \delta_0$

(二) Python 代码

模型检验的 Python 代码如下：

```
data = pd.read_excel('d:/pythondata/kielmc.xls',header = None)
data.rename(columns = {23:'rprice',21:'nearinc',16:'y81'},inplace = True)
data['y81_nearinc'] = np.multiply(data.y81,data.nearinc)
data.exog = data[['nearinc','y81','y81_nearinc']]
data.exog = sm.add_constant(data.exog)
ols_model = sm.OLS(data['rprice'],data.exog)
ols_model_result = ols_model.fit()
ols_model_result.summary()
```

(三) 运行结果

运行结果如图 7.3 所示。

```
==============================================================================
                 coef    std err          t      P>|t|      [0.025      0.975]
------------------------------------------------------------------------------
const         8.252e+04   2726.910     30.260      0.000    7.72e+04    8.79e+04
nearinc      -1.882e+04   4875.322     -3.861      0.000   -2.84e+04   -9232.293
y81           1.879e+04   4050.065      4.640      0.000    1.08e+04    2.68e+04
y81_nearinc  -1.186e+04   7456.646     -1.591      0.113   -2.65e+04    2806.867
==============================================================================
```

图 7.3　例 7.3 的运行结果

结果显示，常数项表明 1978 年的住房平均价格是 82 520 美元；*nearinc* 系数说明即使是在 1978 年，靠近垃圾焚化炉位置的房价比不靠近的要低 18 820 美元；*y81* 系数表明 1985 年的平均房价相对 1978 年增长了 18 790 美元；交互项系数意味着 1981 年靠近焚化炉相对于 1978 年不靠近焚化炉的住房价格下降了 11 860 美元。结论可以概括为，垃圾焚化炉选址在房价较低的区域，焚化炉的开工会使附近住房价格进一步贬值。

第二节 两期面板数据分析

面板数据是对确定的多个个体的相同指标在连续时间观测采样获得的数据。本节讨论两个时期的面板数据的分析方法。

一、固定因素和差分方程

 例 7.4 睡眠与工作时长的比较(数据 SLP75_81.xls)

本例研究 1975 年和 1981 年工作和睡眠的时长,观测相同人员在两个年份的工作时长和睡眠时长,属于两期面板数据。本例的被解释变量是睡眠时长,解释变量除了工作时长($totwork$),还考虑了教育(edu)、婚姻($marr$)、是否有幼儿($yngkid$)、身体健康情况($gdhlth$)等。

(一) 构建模型

构建模型如下:

$$slpnap_{it}=\beta_0+\delta_0 d81_t+\beta_1 totwrk_{it}+\beta_2 edu_{it}+\beta_3 marr_{it}+\beta_4 yngkid_{it}+\beta_5 gdhlth_{it}+a_i+u_{it}$$

- i:第 i 个被观测者
- t:1975 年为 0,1981 年为 1
- $totwrk$:每周工作分钟数
- edu:受教育的年数
- $marr$:已婚为 1,否则为 0
- $yngkid$:孩子小于 3 岁为 1,否则为 0
- $gdhlth$:健康为 1,否则为 0
- a_i:影响睡眠时间的固定因素

面板数据中有的变量是随时间而改变的,有的变量不随时间改变;有的可观测,有的不可观测。模型中的 a_i 是影响因变量睡眠时间,但又不随着时间变化的所有无法观测的因素,这种因素也被称为固定因素。例如,本例中的性别、种族等因素就是固定因素,其下标只有 i 的含义是指这些因素只随观测者变化,不随时间变化。而 $totwrk_{it}$ 同时有 i 和 t 两个下标,表示该变量既随观测者变化,也随时间变化。

对于任意 i,将 1975 年和 1981 年的两个方程相减得到的差分方程,我们称之为一阶差分方程。

$$\Delta slpnap = \delta_0 + \delta_1 \Delta totwrk_i + \delta_2 \Delta edu_i + \delta_3 \Delta marr_i + \delta_4 \Delta yngkid_i + \delta_5 \Delta gdhlth_i + \delta_6 \Delta u_i$$

该差分方程中的固定因素消失了,剩下的都是随时间变化的因素。利用差分后的数据估计以上差分方程的系数,有助于实现研究目的。

(二) Python 代码

代码如下:

```
data = pd.read_excel('d:/pythondata/slp75_81.xls',header = None)
data.rename(columns = {1:'edu75',2:'edu81',3:'gdhlth75',4:'gdhlth81',8:
'slpnap75',9:'slpnap81',10:'totwrk75',11:'totwrk81',6:'marr75',7:'ma
rr81',12:'yngkid75',13:'yngkid81'},inplace = True)
data.head()
data['Dslpnap'] = data['slpnap81'] – data['slpnap75']
data['Dtotwrk'] = data['totwrk81'] – data['totwrk75']
data['Dmarr'] = data['marr81'] – data['marr75']
data['Dyngkid'] = data['yngkid81'] – data['yngkid75']
data['Dgdhlth'] = data['gdhlth81'] – data['gdhlth75']
data['Dedu'] = data['edu81'] – data['edu75']
data.exog = data[['Dtotwrk','Dedu','Dmarr','Dyngkid','Dgdhlth']]
data.exog = sm.add_constant(data.exog)
ols_model = sm.OLS(data['Dslpnap'],data.exog)
ols_model_result = ols_model.fit()
ols_model_result.summary()
```

在处理面板数据时需特别注意面板数据的编排方式,不同的编排方式有不同的处理差分的代码。本例中,每一个人的 1975 年和 1981 年的数据分别存储在同一条记录的不同字段中(同一行表示一个人,两列分别表示两个年份的数据),即数据表中的一列记录 1975 年的数据,还有一列数据是 1981 年的。

(三) 运行结果

代码运行结果如图 7.4 所示。

运行结果图 7.4 显示,差分方程 *Dtotwrk* 的系数为 −0.2267,表明 1981 年相对于 1975

```
==============================================================================
                 coef    std err          t      P>|t|     [0.025     0.975]
------------------------------------------------------------------------------
const        -92.6340    45.866      -2.020      0.045   -182.999     -2.269
Dtotwrk       -0.2267     0.036      -6.287      0.000     -0.298     -0.156
Dedu          -0.0245    48.759      -0.001      1.000    -96.090     96.041
Dmarr        104.2139    92.855       1.122      0.263    -78.729    287.157
Dyngkid       94.6654    87.653       1.080      0.281    -78.027    267.358
Dgdhlth       87.5778    76.599       1.143      0.254    -63.338    238.493
==============================================================================
```

图 7.4 例 7.4 的运行结果

年,每周工作时间增加 1 小时会减少睡眠时间 0.2267 小时,约 13.62 分钟。其他参数都是不显著的。此时可以进行联合显著性 F 检验,如果联合显著性 F 检验表明这些参数都不是联合显著的,就可从模型中去除。下面具体介绍如何应用 Python 进行联合显著性 F 检验。

(四) 联合显著性 F 检验

联合显著性 F 检验的代码如下:

#非约束模型

```python
exog = data[['Dtotwrk','Dedu','Dmarr','Dyngkid','Dgdhlth']]
exog = sm.add_constant(exog)
ols_model = sm.OLS(data['Dslpnap'],exog)
ols_model_result = ols_model.fit()
ols_model_result.summary()
n = len(data)
```

#非约束模型自由度

```python
df = n - 5 - 1
```

#约束模型

```python
exog_r = data['Dtotwrk']
exog_r = sm.add_constant(exog_r)
ols_model_r = sm.OLS(data['Dslpnap'],exog_r)
ols_model_result_r = ols_model_r.fit()
ols_model_result_r.summary()
```

#约束模型自由度

```python
df_r = n - 1 - 1
```

#计算 F 统计量

#计算约束模型的 SSR

ssr_r = ols_model_result_r.ssr

#计算非约束模型的 SSR

ssr_ur = ols_model_result.ssr

q = df_r − df

#根据公式计算 F 统计量

F = (ssr_r − ssr_ur)/ssr_ur * (n − 5 − 1)/q

#计算 p 值

p_value = 1 − stats.f.cdf(F,q,df)

计算结果显示，p 值＝0.486，不显著。

二、自变量和因变量互为因果

 例 7.5　禁止酒后驾驶立法对交通事故伤亡的影响（数据 TRAFFIC1.xls）

在被分析的数据中，一些数据之间可能存在互为因果的情形。例如，本例中检验禁止酒后驾驶立法对交通伤亡事故的影响，酒后驾驶立法和交通伤亡事故之间存在互为因果的关系是指：不同的酒后驾驶立法要求的严厉程度会影响交通伤亡事故的发生，交通伤亡事故的发生情况会影响法律条款的严厉程度。

以美国 1985 年和 1990 年的数据为例，美国不同的州对于酒后驾驶有不同的立法。其中主要有两种法律模式：一种是开瓶法，即车内有开瓶的酒精饮料即为非法；另一种是行政权力法，即因酒驾被捕后，法院可以未经审判吊销当事人驾照。本例要研究两种立法对交通事故伤亡的影响。

（一）构建模型

构建模型如下：

$$dthrte_{it} = \beta_0 + \delta_0 d90_t + \beta_1 open_{it} + \beta_2 admn_{it} + a_i + u_{it}$$

- $open_{it}$：第 i 个州 t 时期采用开瓶法为 1，否则为 0
- $admn_{it}$：第 i 个州 t 时期采用行政权力法为 1，否则为 0
- t：1985 年为 0，1990 年为 1

差分之后得到的一阶差分方程为：

$$\Delta dthrte_i = \delta_0 + \delta_1 \Delta open_i + \delta_2 \Delta admn_i + \Delta u_i$$

（二）Python 代码

估计该差分方程的系数的 Python 代码如下：

```
data = pd.read_excel('d:/pythondata/traffic1.xls',header = None)
data.rename(columns = {1:'admn90',2:'admn85',3:'open90',4:'open85',5:'dthrte90',6:'dthrte85'},inplace = True)
data['Ddthrte'] = data['dthrte90'] – data['dthrte85']
data['Dopen'] = data['open90'] – data['open85']
data['Dadmn'] = data['admn90'] – data['admn85']
exog = data[['Dopen','Dadmn']]
exog = sm.add_constant(exog)
ols_model = sm.OLS(data['Ddthrte'],exog)
ols_model_result = ols_model.fit()
ols_model_result.summary()
```

（三）运行结果

代码运行结果如图 7.5 所示。

	coef	std err	t	P>|t|	[0.025	0.975]
const	-92.6340	45.866	-2.020	0.045	-182.999	-2.269
Dtotwrk	-0.2267	0.036	-6.287	0.000	-0.298	-0.156
Dedu	-0.0245	48.759	-0.001	1.000	-96.090	96.041
Dmarr	104.2139	92.855	1.122	0.263	-78.729	287.157
Dyngkid	94.6654	87.653	1.080	0.281	-78.027	267.358
Dgdhlth	87.5778	76.599	1.143	0.254	-63.338	238.493

图 7.5 例 7.5 的运行结果

结果显示，开瓶法使得交通事故死亡率降低了 0.4197；行政权力法也有降低交通事故死亡率的效果，只是降低效果要低于开瓶法。

注意截距项的含义，它表明无论使用哪种法律，1990 年交通事故死亡人数较 1985 年也有明显下降。通过代码 data['dthrte85'].mean() 计算 1985 年的平均死亡人数是 2.7，截距项显示死亡人数减少了 0.5 人，下降是显著的。

第八章 应用 Python 估计工具变量

工具变量(instrumental variable，IV)的出现是为了克服普通最小二乘法中的内生性问题。内生性是指回归模型中的解释变量(X)和随机扰动项(δ)相关。如果内生性存在，便会大大降低回归模型的估计效力。工具变量是处理内生性问题的基本方法。选择一个变量作为模型中某解释变量的工具变量，与模型中的其他变量一起构造出相应参数的一个一致估计量，这种估计方法称为工具变量法。本章学习如何应用 Python 进行工具变量的估计。

第一节 遗漏变量和工具变量

一、内生性问题与两阶段最小二乘法

我们在构建模型时，往往可能会遗漏变量，而如果模型中存在遗漏变量，那么用传统 OLS 方法估计的参数是有偏的、不一致的。在假定这些遗漏变量不随时间变化的前提下，使用固定效应模型和随机效应模型可以解决这个问题。但是，如果遗漏变量随着时间变化而变化，那么我们就需要新的估计工具，这种工具就是工具变量。工具变量与解释变量相关，而与误差项不相关。将工具变量加入到模型中，可以使模型满足经典 OLS 假设。

工具变量的提出是为了解决回归模型中解释变量内生性问题。计量经济学中的内生和外生是指解释变量与误差项之间的相关关系，如果解释变量与误差项相关则称为内生，如果不相关则称为外生。用公式表达，若 $\text{Cov}(x,u) \neq 0$，则 x 为内生变量。内生性通常是存在与误差项相关的遗漏变量、解释变量与被解释变量互为因果、变量测量误差等原因导致的。例如，在研究工资的影响因素时考虑了受教育年限的影响，但是没有考虑个人能力或是没有考虑父母受教育情况的影响，就属于存在遗漏变量；受教育年限影响工资水平，工资水平也会反过来影响受教育年限，这时解释变量和被解释变量之间就互为因果；使用成绩来测量个人 IQ 就属于变量有测量误差。

内生性问题是模型估计结果不一致的原因之一,即不管观测数量如何增加都不能提升估计的准确程度。

二、加入单个工具变量的处理

 例 8.1　职业女性的教育回报研究(数据 MROZ.xls)

本例基于美国女性教育回报数据,研究职业女性教育回报的影响因素来认识内生性问题,以及两阶段最小二乘法在 Python 中如何实现,并学习在 Python 中如何实现是否需要加入工具变量的判断以及加入工具变量的具体步骤。本例模型的被解释变量为教育回报,用工资对数 $log(wage)$ 作为教育回报的衡量指标,用受正式教育年数 $educ$ 作为教育投入衡量指标。

(一)构建模型

构建模型如下:

$$log(wage) = \beta_0 + \beta_1 educ + y \tag{8.1}$$

式 8.1 仅考虑了职业女性个人自身的受正式教育年数的影响,没有考虑父母教育背景的影响,存在遗漏变量的情况,可能引发内生性问题。因此,考虑将父亲的受教育程度 $fatheduc$ 作为工具变量,理想情况下,$fatheduc$ 应与 $educ$ 相关,而与 u 无关。

下面讨论在 Python 中实现是否需要加入工具变量以及如何加入工具变量的具体步骤。

(二)工具变量估计的 **Python** 实现

两阶段最小二乘法(two stage least square,2SLS)是用于解决内生性问题的一种方法。如果理论上认为某解释变量可能为内生变量,那么直接进行两阶段最小二乘回归即可。

1. 安装 linearmodels 工具包

Linearmodels 工具包是 Python 专为线性模型开发的工具包。访问 https://pypi.org/project/linearmodels/,即可了解其详细情况及安装方法。若使用 Jupyter Notebook 编写代码,可直接在 Anaconda Prompt 窗口输入 pip install linearmodels 语句安装 linearmodels 工具包。

2. 加载并应用 IV2SLS 工具求解工具变量

本例使用 linearmodels 工具包中的 IV2SLS 工具来求解工具变量问题,加载代码 from linearmodels.iv import IV2SLS,载入 IV2SLS 工具处理工具变量。使用这个工具需要明确界定解释变量中哪些是内生的，哪些是外生的，以及工具变量。endog 用来设定内生性，instruments 用来标明工具变量。如果这两个参数设置为 None，则算法就退化成为普通最小二乘法了。

第一步，数据准备。

data = pd.read_excel('d:/pythondata/mroz.xls',header = None)

data.rename(columns = {5:'educ',15:'fatheduc',20:'lwage'},inplace = True)

#将"."替换为缺省值

data.replace('.',np.nan,inplace = True)

#去除空数据

data = data.dropna()

data = data[['educ','fatheduc','lwage']]

data = sm.add_constant(data)

第二步，研究 $log(wage)$ 和 $educ$ 的相关关系。

研究 $log(wage)$ 和 $educ$ 的相关关系，应用 IV2SLS 来完成。

#引入 linearmodels 工具包中的 IV2SLS 工具来处理工具变量

from linearmodels.iv import IV2SLS

res_ols = IV2SLS(data.lwage, data[['const','educ']],None,None).

fit(cov_type ='unadjusted')

print(res_ols)

运行结果如图 8.1 所示。

```
                        OLS Estimation Summary
==============================================================================
Dep. Variable:              lwage    R-squared:                    0.1179
Estimator:                    OLS    Adj. R-squared:               0.1158
No. Observations:             428    F-statistic:                  57.196
Date:             Sun, Feb 14 2021   P-value (F-stat)              0.0000
Time:                    19:27:31    Distribution:                 chi2(1)
Cov. Estimator:          unadjusted

                        Parameter Estimates
==============================================================================
           Parameter  Std. Err.  T-stat   P-value  Lower CI  Upper CI
------------------------------------------------------------------------------
const      -0.1852     0.1848    -1.0022   0.3163   -0.5474    0.1770
educ        0.1086     0.0144     7.5628   0.0000    0.0805    0.1368
==============================================================================
```

图 8.1 $log(wage)$ 和 $educ$ 的相关性

第三步,研究 *educ* 和 *fatheduc* 的相关性。

判断 *educ* 和 *fatheduc* 的相关性,使用如下类似代码:

```
res_first = IV2SLS(data.educ, data[['const','fatheduc']],None,None).
fit(cov_type ='unadjusted')
print(res_first)
```

结果如图 8.2 所示。

```
                         OLS Estimation Summary
===============================================================================
Dep. Variable:                  educ    R-squared:                      0.1726
Estimator:                       OLS    Adj. R-squared:                 0.1706
No. Observations:                428    F-statistic:                    89.258
Date:                Sun, Feb 14 2021   P-value (F-stat)                0.0000
Time:                       19:27:31    Distribution:                  chi2(1)
Cov. Estimator:            unadjusted

                            Parameter Estimates
===============================================================================
             Parameter  Std. Err.    T-stat   P-value   Lower CI   Upper CI
-------------------------------------------------------------------------------
const          10.237     0.2753     37.186    0.0000     9.6975     10.777
fatheduc       0.2694     0.0285     9.4476    0.0000     0.2135     0.3253
===============================================================================
```

图 8.2 *educ* 和 *fatheduc* 的相关性

第四步,运行模型。

fatheduc 的系数为 0.2694,*p* 值很小,所以相关性可以确认,即 *fatheduc* 和 *educ* 相关。接下来,将 *fathedu* 作为工具变量加入模型中:

$$log(wage)=\beta_0+\beta_1 educ+\beta_2 fatheduc+u \tag{8.2}$$

与模型对应的代码如下:

```
res_second = IV2SLS(data.lwage, data[['const']], data.educ, data.
fatheduc).fit(cov_type ='unadjusted')
print(res_second)
```

运行结果如图 8.3 所示。*educ* 的系数为 0.0592,表明控制其他变量不变,每多 1 年教育,工资会提升5.92%。该数值远小于 OLS 估计的结果。之所以有这么大的差异,主要是由于遗漏变量偏误。*log(wage)* 与 *educ* 的回归系数大于零,且二者正相关,这种情况往往会导致正向偏误。

```
                          IV-2SLS Estimation Summary
==============================================================================
Dep. Variable:              lwage    R-squared:                   0.0934
Estimator:                IV-2SLS    Adj. R-squared:              0.0913
No. Observations:             428    F-statistic:                 2.8487
Date:             Sun, Feb 14 2021   P-value (F-stat)             0.0915
Time:                    19:27:31    Distribution:               chi2(1)
Cov. Estimator:          unadjusted

                            Parameter Estimates
==============================================================================
           Parameter   Std. Err.   T-stat    P-value   Lower CI   Upper CI
------------------------------------------------------------------------------
const        0.4411      0.4451     0.9911    0.3216    -0.4312     1.3134
educ         0.0592      0.0351     1.6878    0.0915    -0.0095     0.1279
==============================================================================
```

图 8.3　例 8.1 考虑遗漏变量后的运行结果

三、加入多个工具变量的处理

例 8.1 只考虑了单个工具变量的情形，例 8.2 将考虑多个工具变量的情形。在存在多个工具变量的情况下，同样可以用 IV2SLS 解决。

 例 8.2　职业女性教育回报的进一步研究(数据 MROZ.xls)

例 8.2 继续讨论职业女性教育回报的影响因素，考虑加入多个工具变量的处理，加入的工具变量包括工作经验、父亲受教育程度、母亲受教育程度。

(一) 数据准备

第一步，数据准备代码如下：

data = pd.read_excel('d:/pythondata/mroz.xls',header = None)

data.rename(columns = {5:'educ',14:'motheduc',15:'fatheduc',18:'exper',

21:'expersq',20:'lwage'},inplace = True)

#将"."替换为缺省值

data.replace('.',np.nan,inplace = True)

#去除空数据

data = data.dropna( )

#在 data 中增加一列名为"const"的常量列

data = sm.add_constant(data, has_constant ='add')

（二）构建模型

承例 8.1 构建的模型，增加工作经验（$exper$）及其平方。构建工资模型如下：

$$log(wage) = \beta_0 + \beta_1 educ + \beta_2 exper + \beta_3 exper^2 + u_1 \tag{8.3}$$

假定 $exper$、$exper^2$ 和 u_1 不相关，父亲和母亲的受教育程度与 u_1 也不相关，将父母受教育程度作为工具变量，$educ$ 的约简方程为：

$$educ = \pi_0 + \pi_1 exper + \pi_2 exper^2 + \pi_3 motheduc + \pi_4 fatheduc + v_1, \pi_3 \neq 0 \text{ 或 } \pi_4 \neq 0 \tag{8.4}$$

（三）工具变量估计的 Python 实现

构建模型后，明确工具变量并套用工具估计。式 8.3 和式 8.4 有 2 个外生变量（$exper$、$exper^2$），1 个内生变量（$educ$），2 个工具变量（$motheduc$、$fatheduc$）。为了让代码更加清楚易读，我们用如下代码指定各变量：

#用 dep 表示被解释变量或因变量 $lwage$

```
dep ='lwage'
```

#用 $exog$ 表示外生变量

```
exog = ['const','exper','expersq']
```

#用 $endog$ 表示内生变量

```
endog = ['educ']
```

#用 $instr$ 表示指定工具变量

```
instr = ['fatheduc','motheduc']
```

变量指定清楚后，我们可以套用两阶段最小二乘回归法工具进行估计，相应的代码也更加标准和简化了，代码如下：

```
res_ols = IV2SLS(data[dep], data[exog], data[endog], data[instr]).
fit(cov_type ='unadjusted')
print(res_ols)
```

结果如图 8.4 所示。

```
                     IV-2SLS Estimation Summary
==============================================================================
Dep. Variable:                  lwage   R-squared:                   0.1357
Estimator:                    IV-2SLS   Adj. R-squared:              0.1296
No. Observations:                 428   F-statistic:                 24.653
Date:              Mon, Feb 15 2021    P-value (F-stat)              0.0000
Time:                        11:31:16   Distribution:                chi2(3)
Cov. Estimator:             unadjusted

                           Parameter Estimates
==============================================================================
             Parameter   Std. Err.    T-stat    P-value   Lower CI   Upper CI
------------------------------------------------------------------------------
const           0.0481      0.3985     0.1207     0.9039    -0.7329     0.8291
exper           0.0442      0.0134     3.3038     0.0010     0.0180     0.0704
expersq        -0.0009      0.0004    -2.2485     0.0245    -0.0017    -0.0001
educ            0.0614      0.0313     1.9622     0.0497   7.043e-05    0.1227
==============================================================================
Endogenous: educ
Instruments: fatheduc, motheduc
Unadjusted Covariance (Homoskedastic)
Debiased: False
```

图 8.4　例 8.2 的运行结果

$educ$ 系数为 0.0614，即其他条件不变，受正式教育年数每增加 1 年，工资回报增加 6.14%，在 5% 显著性水平下双侧检验是显著的（p 值＝0.0497）。

四、单个内生解释变量作为工具变量

 例 8.3　男性教育回报研究（数据 CARD.xls）

本例基于美国男性工资数据研究男性工资与教育的关系仅讨论数据分析结果，不讨论数据背后的政策、文化和社会等问题。本例考虑的因素包括工作经验、是否是黑人、是否住在大城市及其郊区、是否居住在南方以及生活区域，并引入一个表示是否在一所大学周围成长的虚拟变量作为工具变量，并假定该变量与误差项无关（仅仅是假定）。相关变量含义如下：

- $exper$：工作经验
- $black$：是否是黑人
- $SMSA$：1976 年生活在大城市及其郊区为 1，否则为 0
- $SMSA66$：1966 年生活在大城市及其郊区为 1，否则为 0
- $nearc4$：生活在一所 4 年制大学周边为 1，否则为 0
- $south$：1976 年生活在南方为 1，否则为 0
- '$reg662$'……'$reg669$'：1966 年是否生活在区域 1～9

（一）数据准备

先进行数据准备，代码如下：

```
data = pd.read_excel('d:/pythondata/card.xls',header = None)
data.rename(columns = {2:'nearc4',3:'educ',12:'reg662',13:'reg663',14:'reg664
',15:'reg665',16:'reg666',17:'reg667',18:'reg668',19:'reg669',20:'south66',
21:'black',22:'smsa',23:'south',24:'smsa66',31:'exper',32:'lwage',33:'expersq'},
inplace = True)
data = data[['nearc4','educ','reg662','reg663','reg664','reg665','reg666',
'reg667','reg668','reg669','south66','black','smsa','south','smsa66','exper',
'lwage','expersq']]
data.replace('.',np.nan,inplace = True)
data = data.dropna()
data = sm.add_constant(data, has_constant = 'add')
```

（二）单个内生变量判断的 Python 实现

判断 $educ$ 和 $nearc4$ 是否偏相关。

由于其他外生变量也可能与 $educ$ 相关，我们采用 $educ$ 与包括 $nearc4$ 在内其余外生变量进行回归。

```
dep = 'lwage'
endog = ['educ']
exog = ['const','exper','expersq','black','smsa','south','smsa66','reg662',
'reg663','reg664','reg665','reg666','reg667','reg668','reg669']
instr = ['nearc4']
```

#第一阶段最小二乘回归

```
res = IV2SLS(data.educ, data[instr + exog],None,None).fit()
print(res)
```

图 8.5 的结果显示，$nearc4$ 的系数为 0.3199，p 值为 0.0002，是统计显著的，与 $educ$ 正相关。也可以看出，生活环境（住在大城市及郊区附近、某些区域）对教育是有显著影响的，相比而言，黑人的受教育程度要少近 1 年。

```
                         OLS Estimation Summary
================================================================
Dep. Variable:            educ    R-squared:            0.4771
Estimator:                 OLS    Adj. R-squared:       0.4745
No. Observations:         3010    F-statistic:          3693.4
Date:            Mon, Feb 15 2021  P-value (F-stat)      0.0000
Time:                 12:21:46    Distribution:        chi2(15)
Cov. Estimator:         robust

                       Parameter Estimates
================================================================
           Parameter  Std. Err.   T-stat  P-value  Lower CI  Upper CI
----------------------------------------------------------------
const        16.638     0.2148    77.456   0.0000   16.217    17.059
exper       -0.4125     0.0320   -12.896   0.0000   -0.4752   -0.3498
expersq      0.0009     0.0017    0.5100   0.6100   -0.0025    0.0042
black       -0.9355     0.0923   -10.138   0.0000   -1.1164   -0.7547
smsa         0.4022     0.1109    3.6255   0.0003    0.1848    0.6196
south       -0.0516     0.1416   -0.3645   0.7155   -0.3291    0.2259
smsa66       0.0255     0.1103    0.2309   0.8174   -0.1908    0.2417
reg662      -0.0786     0.1854   -0.4242   0.6714   -0.4420    0.2847
reg663      -0.0279     0.1789   -0.1562   0.8759   -0.3785    0.3226
reg664       0.1172     0.2070    0.5660   0.5714   -0.2886    0.5230
reg665      -0.2726     0.2237   -1.2186   0.2230   -0.7111    0.1659
reg666      -0.3028     0.2361   -1.2826   0.1996   -0.7656    0.1599
reg667      -0.2168     0.2389   -0.9077   0.3640   -0.6850    0.2513
reg668       0.5239     0.2562    2.0449   0.0409    0.0218    1.0260
reg669       0.2103     0.1988    1.0575   0.2903   -0.1794    0.6000
nearc4       0.3199     0.0848    3.7702   0.0002    0.1536    0.4862
================================================================
```

图 8.5　*educ* 和 *nearc*4 是否偏相关

(三) 工具变量估计的 Python 实现

将工具变量 *nearc*4 代入工资模型计算结果。

由于这个模型中的变量很多，为了能够在代码中更清晰直观地表达模型形态，linearmodels 中引入了"公式化"代码。例如，本例中的回归模型可以用代码表达为：

formula = (' lwage ~ 1 + exper + expersq + black + smsa + south + smsa66

+ reg662 + reg663 + reg664 + reg665 + reg666 + reg667 + reg668 +

reg669 + [educ ~ nearc4]')

更一般的表达是：

dep~exog + [endog~instr]

这种方式很接近 OLS 模型的数学表达，*exog* 代表外生变量，*endog* 表示内生变量。模型计算和结果显示的代码也相应变化，使用 IV2SLS.from_formula 工具：

mod = IV2SLS.from_formula(formula, data)

```
res_formula = mod.fit(cov_type = 'unadjusted')
```

运行结果如图 8.6 所示。

```
                        IV-2SLS Estimation Summary
==============================================================================
Dep. Variable:              lwage    R-squared:               0.2382
Estimator:                IV-2SLS    Adj. R-squared:          0.2343
No. Observations:            3010    F-statistic:              769.20
Date:            Mon, Feb 15 2021    P-value (F-stat)         0.0000
Time:                    12:21:46    Distribution:           chi2(15)
Cov. Estimator:           unadjusted
                            Parameter Estimates
==============================================================================
              Parameter  Std. Err.    T-stat   P-value   Lower CI   Upper CI
------------------------------------------------------------------------------
Intercept        3.6662     0.9224    3.9747    0.0001     1.8583     5.4740
exper            0.1083     0.0236    4.5886    0.0000     0.0620     0.1545
expersq         -0.0023     0.0003   -7.0201    0.0000    -0.0030    -0.0017
black           -0.1468     0.0538   -2.7304    0.0063    -0.2521    -0.0414
smsa             0.1118     0.0316    3.5407    0.0004     0.0499     0.1737
south           -0.1447     0.0272   -5.3165    0.0000    -0.1980    -0.0913
smsa66           0.0185     0.0216    0.8599    0.3899    -0.0237     0.0608
reg662           0.1008     0.0376    2.6810    0.0073     0.0271     0.1744
reg663           0.1483     0.0367    4.0380    0.0001     0.0763     0.2202
reg664           0.0499     0.0436    1.1438    0.2527    -0.0356     0.1354
reg665           0.1463     0.0469    3.1162    0.0018     0.0543     0.2383
reg666           0.1629     0.0518    3.1466    0.0017     0.0614     0.2644
reg667           0.1346     0.0493    2.7313    0.0063     0.0380     0.2311
reg668          -0.0831     0.0592   -1.4040    0.1603    -0.1991     0.0329
reg669           0.1078     0.0417    2.5853    0.0097     0.0261     0.1895
educ             0.1315     0.0548    2.3989    0.0164     0.0241     0.2389
==============================================================================
```

图 8.6 代入工具变量

结果显示, $educ$ 的回归系数为 0.1315, 在 5% 的显著性水平下是显著的。我们注意到其标准误较 OLS 模型要高出很多, 置信区间的范围也变大了。也就是说, 将 $educ$ 作为内生变量, 得到的结果是更高的标准误和更大的置信区间。

另外, 1976 年居住在大城市及周边可以显著地增加近 11.18% 的收入, 但是 1966 年住在大城市及周边的影响在统计上是不显著的。

第二节 工具变量相关检验

一、变量内生性检验

除了通过逻辑和主观判断确定模型中某一个变量是内生变量, 我们还需要严格的检验。检验变量内生性的步骤如下:

(1) 将某变量 x_i 与所有外生变量回归估计 x_i 的约简方程, 得到残差 v_i。

（2）在原方程中将残差 v_i 也作为一个变量加入，用 OLS 模型检验 v_i 的系数及其显著性，如果系数显著异于零，则 x_i 是内生的。

例 8.4　职业女性教育回报的进一步研究：考虑内生性问题（数据 MROZ.xls）

本例仍旧以职业女性教育回报为例，检验工具变量 *educ* 的内生性。

（一）数据准备

数据准备代码如下：

```
data = pd.read_excel('d:/pythondata/mroz.xls',header = None)
data.rename(columns = {5:'educ',14:'motheduc',15:'fatheduc',18:'exper',
20:'lwage',21:'expersq'},inplace = True)
data = data[['educ','exper','motheduc','fatheduc','lwage','expersq']]
data.replace('.',np.nan,inplace = True)
data = data.dropna()
data = sm.add_constant(data,has_constant ='add')
```

（二）计算残差并进行回归模型估计

第一步，将 *educ* 对其他外生变量回归，获得残差 v_2。

```
dep1 ='educ'
exog1 = ['const','exper','expersq','motheduc','fatheduc']
res_1 = sm.OLS(data[dep1], data[exog1]).fit()
data['v2'] = res_1.resid
```

第二步，将残差加入原方程（式 8.3）并估计。

```
dep2 ='lwage'
exog2 = ['const','educ','exper','expersq','v2']
res_2 = sm.OLS(data[dep2], data[exog2]).fit()
print(res_2.summary())
```

如图 8.7 所示，v_2 的系数是 $\hat{\delta}_1 = 0.058\ 2$，$t$ 统计量的值为 1.671，这表明 u_1 和 v_2 正相关。由于 2SLS 模型对教育回报的估计结果（6.14%）低于 OLS 模型的估计结果（10.86%），同时报告这两个结果可能更好。

```
                          OLS Regression Results
============================================================================
Dep. Variable:                 lwage   R-squared:                     0.162
Model:                           OLS   Adj. R-squared:                0.154
Method:                Least Squares   F-statistic:                   20.50
Date:               Mon, 15 Feb 2021   Prob (F-statistic):         1.89e-15
Time:                       13:08:38   Log-Likelihood:              -430.19
No. Observations:                428   AIC:                           870.4
Df Residuals:                    423   BIC:                           890.7
Df Model:                          4
Covariance Type:           nonrobust
============================================================================
                 coef    std err          t      P>|t|     [0.025     0.975]
----------------------------------------------------------------------------
const          0.0481      0.395      0.122      0.903     -0.727      0.824
educ           0.0614      0.031      1.981      0.048      0.000      0.122
exper          0.0442      0.013      3.336      0.001      0.018      0.070
expersq       -0.0009      0.000     -2.271      0.024     -0.002     -0.000
v2             0.0582      0.035      1.671      0.095     -0.010      0.127
============================================================================
Omnibus:                      74.968   Durbin-Watson:                 1.931
Prob(Omnibus):                 0.000   Jarque-Bera (JB):            278.059
Skew:                         -0.736   Prob(JB):                   4.17e-61
Kurtosis:                      6.664   Cond. No.                    4.42e+03
============================================================================
```

图 8.7　例 8.4 运行结果

二、过度识别检测

　　工具变量外生性如果被证明有疑点,那么模型的根基就产生了问题。一个内生变量的多个工具变量的外生性的检验过程被称作过度识别检测(overidentifying)。

　　过度识别检测的步骤如下:

　　(1)用 2SLS 方法估计方程,得到残差 $\hat{u}_i$。

　　(2)将 $\hat{u}_i$ 对所有外生变量及工具变量回归,得到 R^2。

　　(3)在空假设下,所有工具变量与 u 不相关,于是 $nR^2 \sim X_q^2$,其中 q 是工具变量数量减去内生变量数量。如果 nR^2 大于 X_q^2 某个显著性水平的临界值,就拒绝 H_0:所有变量都是外生的。

(一)两个工具变量的过度识别检测

 例 8.5　职业女性教育回报的进一步研究:过度识别检测(数据 MROZ.xls)

　　本例继续以例 8.2 的数据继续讨论如何进行过度识别检测。本例中因为有 2 个工具变量 *motheduc* 和 *fatheduc*,所以进行过度识别检测。本例可以重复使用例 8.4 的数据准备代码,过度识别检测代码如下:

```
from linearmodels.iv import IV2SLS
res = IV2SLS(data[dep],data[exog],data[endog],data[instr]).fit(cov_type =
```

```
'unadjusted')
```

第一步,获取残差。

```
u = res.resids
```

第二步,残差和所有外生变量及工具变量回归。

```
res_3 = IV2SLS(u,data[exog + instr],None,None).fit()
```

第三步,显著性判断。

#获取 R^2

```
r2 = res_3.rsquared
```

#获取观测数量

```
n = res_3.nobs
```

#过度约束量

```
q = 2 - 1
n * r2
```

#计算 5% 显著性水平的临界值

```
stats.chi2.ppf(0.95,q)
```

*#计算 n * r2 的 p 值*

```
1 - stats.chi2.cdf(n * r2,q)
```

我们通过参数可以读取结果中的关键指标:

- resids:回归结果的残差
- rsquared:回归模型的 R^2
- nobs:数据集的数据条数

经过上述步骤我们得到,有 $n = 428$ 条观测数据,$R^2 = 0.000088$,5% 的 X_1^2 分布的临界值为 3.84,$nR^2 = 0.378$,小于临界值,p 值为 0.539,所以不能拒绝原假设,即父母的受教育程度都通过了过度识别检测,可以作为工具变量。

(二) 三个工具变量的过度识别检测

例 8.6 职业女性教育回报的进一步研究:增加工具变量(数据 MROZ.xls)

本例继续讨论如果增加丈夫的学校教育年数 *huseduc* 作为工具变量,模型效果将会如何。本例中将有 3 个工具变量，需要检验这 3 个变量的内生性。

第一步，数据整理。

```
data = pd.read_excel('d:/pythondata/mroz.xls',header = None)
data.rename(columns = {5:' educ ',10:' huseduc ',14:' motheduc ',15:' fatheduc ',
18:' exper',21:' expersq',20:' lwage'},inplace = True)
data.replace('.',np.nan,inplace = True)
data = data.dropna()
data = sm.add_constant(data,has_constant ='add')
dep ='lwage'
exog = ['const','exper','expersq']
endog = ['educ']
instr = ['fatheduc','motheduc']
res_4 = IV2SLS(data[dep],data[exog],data[endog],data[instr + ['huseduc']]).fit
(cov_type ='unadjusted')
print(res_4)
u = res_4.resids
```

第二步，残差和所有外生变量回归。

```
res_5 = IV2SLS(u,data[exog + instr + ['huseduc']],None,None).fit()
```

第三步，显著性判断。

```
#获取 R²
r2 = res_5.rsquared
#获取观测数量
n = res_5.nobs
#过度约束量
q = 3 - 1
n * r2
#计算 5%显著性水平的临界值
stats.chi2.ppf(0.95,q)
```

#计算 n*r2 的 p 值

1 - stats.chi2.cdf(n*r2,q)

这里可以重复使用以前的代码，只需要略作改动。其中，语句 data[exog + instr + ['huseduc']] 将 huseduc 这一列数据和所有外生变量、工具变量一起作为解释变量。此处需要注意 q 的计算，因为工具变量增加到 3 个，所以 q = 3 - 1。

结果显示 $nR^2 = 1.115$，p 值 $= 0.291$，所以依然不能拒绝原假设，即 3 个工具变量均通过了过度识别检验。事实上，通过结果的比较，我们也认为将 huseduc 加入模型中效果更好。如表 8.1 所示，加入 huseduc 后，educ 的回归系数变大，标准误减小，从另一个角度表明显著程度提高了，所以可以也应当增加 huseduc 作为工具变量。

表 8.1 加入工具变量 *huseduc* 前后的对比

是否加入	回归系数 β_{educ}	标准误
加入 *huseduc*	0.080	0.022
不加入 *huseduc*	0.061	0.031

第三节 其他条件下的 2SLS 应用

一、异方差条件下的 2SLS

（一）2SLS 的异方差检验步骤

两阶段最小二乘法同样面临和普通最小二乘法一样的异方差性问题，我们可以利用类似的检验异方差性的方法。参照布罗施-帕甘检验步骤：

（1）获得 2SLS 的残差 $\hat{u}$。

（2）残差平方 $\hat{u}^2$ 与所有外生解释变量（包括用作工具变量的解释变量）回归。

（3）计算联合显著的统计量 F 判断，如果上述解释变量联合显著，则拒绝同方差的原假设。

（二）2SLS 的异方差检验代码

 例 8.7 职业女性教育回报的进一步研究：异方差检验（数据 MROZ.xls）

承例 8.6，本例进行异方差检验。

```
data = pd.read_excel('d:/pythondata/mroz.xls',header = None)
data.rename(columns = {5:'educ',10:'huseduc',14:'motheduc',15:'fatheduc',
18:'exper',21:'expersq',20:'lwage'},inplace = True)
data.replace('.',np.nan,inplace = True)
data = data.dropna()
data = sm.add_constant(data,has_constant = 'add')
dep = 'lwage'
exog = ['const','exper','expersq']
endog = ['educ']
instr = ['fatheduc','motheduc','huseduc']
res = IV2SLS(data[dep],data[exog],data[endog],data[instr]).fit(cov_type = '
unadjusted')
print(res)
# 计算残差平方
u2 = res.resids ** 2
# 残差和所有外生变量及工具变量回归
res_u = IV2SLS(u2,data[exog + instr],None,None).fit()
# 计算 SSR
ssr_ur = np.sum(res_u.resids ** 2)
res_const = IV2SLS(u2,data['const'],None,None).fit()
ssr_r = np.sum(res_const.resids ** 2)
# 获取观测数量
n = res_u.nobs
df = n - 5 - 1
df_r = n - 0 - 1
q = df_r - df
# 计算 F 统计量
F = (ssr_r - ssr_ur)/ssr_ur * (n - 5 - 1)/q
p_value = 1 - stats.f.cdf(F,q,n - 5 - 1)
```

约束方程只有常数项，所以自由度为 n−0−1。结果显示，自由度为 422 的 F 统计量为 2.53，p 值为 0.028，在 5% 的显著性水平上拒绝原假设，所以模型中的外生变量不是同方差的。

如果出现异方差性，则可以通过加权两阶段最小二乘法解决。根据之前介绍的 GLS 方法，假定继续之前的代码：

```
res = IV2SLS(data[dep],data[exog],data[endog],data[instr]).fit(cov_typ
e ='unadjusted')
u2 = res.resids ** 2
res_u = IV2SLS(np.log(u2),data[exog + instr],None,None).fit()


g = np.log(u2) - res_u.resids
sigma2_hat = np.exp(g)
res_gls = IV2SLS(data[dep],data[exog],data[endog],data[instr],weights =
1/sigma2_hat).fit(cov_type ='unadjusted')
print(res_gls)
```

其中，g = np.log(u2) - res_u.resids 的结果是每个观测数据代入方程中得到的估计值（预测值）；weights = 1/sigma2_hat 是给每个变量赋予一定的权重，消除异方差性。

结果如图 8.8 所示。

```
                    IV-2SLS Estimation Summary
===============================================================
Dep. Variable:              lwage   R-squared:            0.2997
Estimator:                 IV-2SLS  Adj. R-squared:       0.2948
No. Observations:            428    F-statistic:          119.99
Date:             Mon, Feb 15 2021  P-value (F-stat)      0.0000
Time:                     14:38:13  Distribution:         chi2(3)
Cov. Estimator:          unadjusted

                    Parameter Estimates
===============================================================
            Parameter  Std. Err.  T-stat  P-value  Lower CI  Upper CI
---------------------------------------------------------------
const        -0.1363    0.1350   -1.0100   0.3125   -0.4008   0.1282
exper         0.0402    0.0076    5.3281   0.0000    0.0254   0.0550
expersq      -0.0008    0.0002   -3.4925   0.0005   -0.0012  -0.0003
educ          0.0771    0.0075   10.320    0.0000    0.0625   0.0918
```

图 8.8　例 8.7 运行结果

$educ$ 的回归系数为 0.0771，标准误为 0.0075，p 值为 0.0000，统计显著。

二、面板数据的 2SLS 应用

工具变量同样适用于处理面板数据问题,本例应用工作培训对工人生产力的影响问题来讨论面板数据的 2SLS 应用。

 例 8.8　工人生产力与工作培训(数据 JTRAIN.xls)

(一) 模型构建

本例利用 1988 年和 1989 年美国工人群体的相关数据讨论多培训 1 小时对工人生产力的影响。构建模型如下:

$$log(scrap_{it}) = \beta_0 + \beta_0 d89_t + \beta_1 hrsemp_{it} + a_i + u_{it},$$

消除固定效应后的模型为:

$$\Delta log(scrap_i) = \delta_0 + \beta_1 \Delta hrsemp_i + \Delta u_i$$

消除固定效应后的模型可以用 OLS 估计,但是如果不能保证 $\Delta hrsemp_i$ 和 Δu_i 不相关,我们就需要通过工具变量来解决。例如,工人能力会影响废品率,管理者也很可能根据工作能力安排培训时间,能力越低培训时间越长。

(二) Python 应用实现

本例将是否提供培训资助($grant$)作为工具变量尝试模型结果。先假定 $grant$ 和 u 不相关,然后验证 $\Delta hrsemp_i$ 和 $grant$ 相关。

这个问题可以充分体现出 Python 处理数据的便利性,也是 Python 在计量方面的优势之一。

我们通过 data.head(6)显示 data 的前 6 条数据:

	year	fcode	grant	d89	scrap	hrsemp	lscrap
0	1987	410032	0	0	NaN	12	NaN
1	1988	410032	0	0	NaN	3.05343	NaN
2	1989	410032	0	1	NaN	3.25203	NaN
3	1987	410440	0	0	NaN	12	NaN
4	1988	410440	0	0	NaN	12	NaN
5	1989	410440	0	1	NaN	10	NaN

从返回结果可以看到数据是按 1987 年、1988 年和 1989 年三年"罗列"的,这是一种面

板数据的存储方式。我们需要做的是提取 1988 年和 1989 年两年的数据,计算这两年的差值。取数的语句为 data.loc[data.year = = 1988]是筛选出 1988 年的数据,并将结果存储在一个数据框中;类似,data.loc[data.year = = 1989]用于计算 1989 年的数据。两个数据框对应相减,deltas = data.loc[data.year = = 1989] − data.loc[data.year = = 1988],得到的 deltas 就是所有相关数据两年的差值。要注意的是这种操作必须用语句 data.set_index('fcode')事先将 fcode 设定为索引,否则会得到空值。

第一步,提取 1988 年和 1989 年两年的数据,计算这两年的差值,完整代码如下:

```
data = pd.read_excel('d:/pythondata/jtrain.xls',header = None)
data.rename(columns = {0:'year',1:'fcode',5:'scrap',9:'grant',10:'d89',11:'d88',
13:'hrsemp',14:'lscrap'},inplace = True)
data = data[['year','fcode','grant','d88','scrap','hrsemp','lscrap']]
```

```
#去除空缺值
data = data.dropna()
data = data.set_index('fcode')
deltas = data.loc[data.year == 1989] − data.loc[data.year == 1988]
deltas = sm.add_constant(deltas)
mod = IV2SLS(deltas.hrsemp, deltas[['const','grant']],None,None).fit(cov_type
='unadjusted')
print(mod)
```

结果显示,$\Delta grant$ 的回归系数为 24.44,p 值接近零,所以其与 $\Delta hrsemp$ 正相关。

第二步,将 $grant$ 作为工具变量代入工资方程,得到回归系数。

我们使用公式表达的语句:

```
mod = IV2SLS.from_formula('lscrap ~ 1 + [hrsemp ~ grant]', deltas)
res_iv = mod.fit(cov_type ='unadjusted')
print(res_iv)
```

$hrsemp$ 的回归系数为 −0.0142,p 值为 0.067,意味着每提高 1 小时的培训时间,估计废品率下降 1.4%。

```
hrsemp_88 = data['hrsemp'].loc[data.year == 1988]
hrsemp_88.mean()
hrsemp_88.max()
```

```
hrsemp_88.min()
```

运行代码可以得出 1988 年工人培训时间的最大值、最小值和平均值,结果如下:

1988 年 $hrsemp$ 平均值= 3.2769788029732654

1988 年 $hrsemp$ 最大值= 20.0

1988 年 $hrsemp$ 最小值= 0.06532663316582915

第九章　应用 Python 处理多期面板数据

在第七章中,我们学习了两期横截面数据和两期面板数据的处理,但更多时候,我们要处理的数据通常不止两期,而是多期的面板数据。多期面板数据根据数据特征可以选用不同的处理模型,具体如混合估计模型(mixed effects model)、固定效应模型(fixed effects model)和随机效应模型(random effects model),本章将继续学习多期面板数据的处理方法和 Python 的实现过程。

第一节 面板数据处理的固定效应和随机效应方法

一、多期面板数据特征及处理模型

多期面板数据同时包含了许多截面在多期时间序列上的样本信息,通常更为复杂,因为有些数据会随时间变化,有些数据却不随时间变化。例如,为了研究工资的影响因素,我们收集了被研究个体不同年份的收入、性别、种族、年龄、工作经验、岗位级别、教育情况等数据,其中被研究对象的性别、种族等数据不会随时间变化,但是被研究个体的收入、年龄、工作经验、岗位级别等数据则会随时间变化。这类样本数据集同时有截面和时间维度,是典型的多期面板数据。

处理面板数据的模型通常有三种:混合估计模型、固定效应模型和随机效应模型。

如果从时间上看,不同个体之间不存在显著性差异,从截面上看,不同截面之间也不存在显著差异,那么就可以直接把面板数据混合在一起用普通最小二乘法估计参数。这种方法下的模型称为混合估计模型。

如果对于不同的截面或不同的时间序列,模型的截距不同,则可以采用在模型中添加虚拟变量的方法估计回归参数。这种方法下的模型称为固定效应模型。

如果固定效应模型中的截距项包括了截面随机误差项和时间随机误差项的平均效应,并且这两个随机误差项都服从正太分布,则固定效应模型就变成了随机效应模型。这种方法下的模型称为随机效应模型。

处理面板数据时,一般采用 F 检验决定选择混合估计模型还是固定效应模型,然后采用 Hausman 检验确定应该建立随机效应模型还是固定效应模型。固定效应模型假设个体效应在组内是固定不变的,个体间的差别反映在每一个个体都有一个特定的截距项上;随机效应模型则假设全部的个体具备相同的截距项,个体间的差别是随机的。这些差别主要反应在随机干扰项的设定上。

本节重点介绍面板数据处理的固定效应模型和随机效应模型。

二、固定效应模型

固定效应即不随时间变化的非观测效应,这些非观测效应不随时间变化,但与其他解释变量相关。消除固定效应的一种方法是去除时间均值法(time-demean),即将每个变量的每条数据都减去该变量按照时间的均值,得到的差值称为去除时间均值数据(time-demeaned data),然后利用去除时间均值数据进行回归估计参数的方法。这种方法可以解决一阶差分方法不能考虑不随时间变化的变量的问题。

为了便于解释,我们考虑只有一个解释变量的模型,对于第 i 条数据,则有:

$$y_{it} = \beta_1 x_{it} + a_i + u_{it}, t = 1, 2, \cdots, T$$

对解释变量和被解释变量都求时间上的平均,即 $\bar{y}_i = \left(\sum_{t=1}^{T} y_{it} \right) / T$,$\bar{x}_i = \left(\sum_{t=1}^{T} x_{it} \right) / T$,于是得到如下方程:

$$\bar{y}_i = \beta_1 \bar{x}_i + a_i + u_i$$

进而得到去除固定效应而又保留参数的方程:

$$y_{it} - \bar{y}_i = \beta_1 (x_{it} - \bar{x}_i) + (u_{it} - u_i), t = 1, 2, \cdots, T$$

习惯上用符号表示为:

$$\ddot{y}_{it} = y_{it} - \bar{y}_i, \ddot{x}_{it} = x_{it} - \bar{x}_i, t = 1, 2, \cdots, T$$

变换后的方程为:

$$\ddot{y}_i = \beta_1 \ddot{x}_i + \ddot{u}_i$$

对该方程使用混合 OLS 方法进行估计就可以得到和原来方程一样的参数。这种处理固定效应的方法就是固定效应法,简写为 FE。

也就是说,通过方程变换可以消去固定效应,具体方法是对每个解释变量求时间上的均值,然后将每个变量都减去该均值,从而得到一个没有固定效应的方程。步骤如下:

（1）对每个解释变量 x_{it}，计算不同时间的均值 $\bar{x}_i$。

（2）构造各变量去除时间均值的数据，即 $\ddot{x}_i = x_{it} - \bar{x}_i$。

（3）对被解释变量进行同样操作，得到 $\ddot{y} = y_{it} - \bar{y}_i$。

（4）用混合 OLS 方法估计变换方程。

$$\ddot{y} = \beta_1 \ddot{x}_{it1} + \cdots + \beta_k \ddot{x}_{itk} + \ddot{u}_{it}, \ t = 1, \ 2, \ \cdots, \ T$$

这样处理虽然可以消除固定效应，但是把不随时间变化的解释变量也剔除了，如种族、性别等变量。

三、随机效应模型

非观测效应是指不随时间变化，又难以观测的因素影响效应。如果非观测效应与模型中的解释变量在任何时期都无关，即 $\mathrm{Cov}(x_{it}, \ a_i) = 0$，我们就将这种非观测效应称为随机效应。带有随机效应的模型就是随机效应模型。虽然其形式和固定效应模型一样，但是随机效应模型可以考虑不随时间变化的变量，这一点与固定效应模型有很大不同。

随机效应的估计步骤如下：

（1）估计 θ。

（2）计算自变量和因变量的按照时间的均值。

（3）变换方程。

$$y_{it} - \theta \bar{y}_i = \beta_0 (1 - \theta) + \beta_1 (x_{it1} - \theta \bar{x_{i1}}) + \cdots + \beta_k (x_{itk} - \theta \bar{x_{ik}}) + (v_{it} - \theta \bar{v}_i)$$

（4）利用 OLS 模型估计上述方程的参数。

随机效应方程也消去了不可观测效应，并得到了和原来方程相同的参数。这种方法被称作随机效应方法，简写为 RE。

只是其中 θ 的估计是比较复杂的，不建议自行编程计算。下面我们将引入新的工具来解决固定效应模型和随机效应模型的估计问题。

第二节 使用 Python 工具包 linearmodels 处理面板数据

固定效应方法和随机效应方法的计算过程比较复杂，我们可以使用 Python 的工具包 linearmodels 完成计算。

 例 9.1 工资面板数据（数据 WAGEPAN.xls）

本例通过工资面板数据来学习如何使用 Python 工具包 linearmodels 进行面板数据的

处理。本例基于美国的工资数据进行学习,仅分析数据反映的工资与种族、工作年限、工会作用及婚姻状况的关系,不讨论数据背后的政治、文化和社会问题。

一、变量和数据

(一) 变量

本例中使用的变量分别是工资的对数 $log(wage)$;受教育程度 $educ$,即学校教育年数;黑人 $black$,若为黑人取 1,否则取 0;拉美裔 $hisp$,若为拉美裔取 1,否则取 0;工作年限 $exper$ 和工作年限的平方 $expersq$;是否加入工会 $union$,若加入工会取 1,否则取 0;婚姻状况 $married$,若已婚取 1,否则取 0。

(二) 数据整理

1. 整理数据

通过以下代码读取给定数据文件,并根据研究问题进行数据整理。

```
data = pd.read_excel('d:/pythondata/wagepan.xls',header = None)
data.rename(columns = {0:'nr',1:'year',2:'black',3:'exper',4:'hisp',6:
'married',16:'educ',17:'union',18:'lwage',26:'expersq'},inplace = True)
data = data[['nr','year','black','exper','hisp','married','educ','union
','lwage','expersq']]
```

本例给出的数据集收集的是从 1981 年到 1987 年的数据。数据中的 nr 表示每个人的身份编号,种族变量是不随时间变化的,其他变量随时间变化。根据数据结构,我们可以判断这是一个典型的面板数据。

数据整理好之后,我们可以使用混合估计模型、固定效应模型和随机效应模型三种模型进行估计,然后比较结果,选定最佳模型。

2. 设定索引

在使用面板数据分析工具前,首先要改变一下数据结构,使数据集体现出面板数据的特征,表明每个观察个体的身份信息和时间信息。具体方法是增加两个索引(index),也就是说,通过这两个索引可以确定唯一的一条数据(即某个观察个体某个时间段的数)。data.set_index 函数可以设定各个索引值。

以混合 OLS 方法下的索引设定为例,本例设定索引的相关代码如下:
 # 导入混合 OLS 方法

```
from linearmodels.panel import PooledOLS
```

#*将数字形式转化成类别形式*

```
year = pd.Categorical(data.year)
```

#*设定两个索引*

```
data = data.set_index(['nr','year'])
```

#*保留 year 作为数据列*

```
data['year'] = year
```

需要注意的是,在设定两个索引之前必须将 *year* 中的数值型数据转换成为"类别"形式。这样做可以自动生成年份的虚拟变量,否则结果会出错,系统会将 *year* 作为解释变量之一计算。此时,*data* 数据集的数据结构如图 9.1 所示。

nr	year	black	exper	hisp	married	educ	union	lwage	expersq	year
13	1980	0	1	0	0	14	0	1.197540	1	1980
	1981	0	2	0	0	14	1	1.853060	4	1981
	1982	0	3	0	0	14	0	1.344462	9	1982
	1983	0	4	0	0	14	0	1.433213	16	1983
	1984	0	5	0	0	14	0	1.568125	25	1984

图 9.1　数据集的数据结构

从图 9.1 中可以清晰地看到,数据有两个索引(原来的 *nr* 和 *year* 两列数据变成了索引,所以要再补充一列 *year* 虚拟变量)。这样的数据就是 Python 能够接受的面板数据。

二、混合估计模型

(一) 构建模型

为了介绍并比较几种方法,我们首先用混合估计模型估计参数。
构建混合估计模型如下:

$$log(wage)_{it} = \beta_0 + \delta_0 d81_t + \cdots + \delta_6 d87_t + \beta_1 educ_{it} + \beta_2 balck_{it} + \beta_3 hisp_{it}$$
$$+ \beta_4 exper_{it} + \beta_5 exper_{it}^2 + \beta_6 union_{it} + \beta_7 married_{it} + a_i + u_{it}$$

(二) Python 代码

执行语句 from linearmodels.panel import PooledOLS 以导入混合估计模型的 OLS 回

归方法,之后混合估计模型的 OLS 回归方法的具体使用和普通 OLS 回归是类似的。

Python 代码如下:

```
exog_vars = ['black','hisp','exper','expersq','married',
'educ','union','year']
exog = sm.add_constant(data[exog_vars])
mod = PooledOLS(data.lwage, exog)
pooled_res = mod.fit()
print(pooled_res)
```

(三) 运行结果

代码中,data[exog_vars]表示包括截距项的解释变量数据,data.lwage 表示被解释变量,模型为 mod = PooledOLS(data.lwage, exog),代码运行结果如图 9.2 所示。

```
                          PooledOLS Estimation Summary
================================================================================
Dep. Variable:              lwage   R-squared:                      0.1893
Estimator:              PooledOLS   R-squared (Between):            0.2066
No. Observations:            4360   R-squared (Within):             0.1692
Date:            Wed, Feb 17 2021   R-squared (Overall):            0.1893
Time:                    00:07:09   Log-likelihood                 -2982.0
Cov. Estimator:        Unadjusted
                                    F-statistic:                    72.459
Entities:                     545   P-value                         0.0000
Avg Obs:                   8.0000   Distribution:                F(14,4345)
Min Obs:                   8.0000
Max Obs:                   8.0000   F-statistic (robust):           72.459
                                    P-value                         0.0000
Time periods:                   8   Distribution:                F(14,4345)
Avg Obs:                   545.00
Min Obs:                   545.00
Max Obs:                   545.00

                             Parameter Estimates
==============================================================================
            Parameter  Std. Err.    T-stat   P-value   Lower CI   Upper CI
------------------------------------------------------------------------------
const         0.0921     0.0783     1.1761    0.2396    -0.0614     0.2455
black        -0.1392     0.0236    -5.9049    0.0000    -0.1855    -0.0930
hisp          0.0160     0.0208     0.7703    0.4412    -0.0248     0.0568
exper         0.0672     0.0137     4.9095    0.0000     0.0404     0.0941
expersq      -0.0024     0.0008    -2.9413    0.0033    -0.0040    -0.0008
married       0.1083     0.0157     6.8997    0.0000     0.0775     0.1390
educ          0.0913     0.0052    17.442     0.0000     0.0811     0.1016
union         0.1825     0.0172    10.635     0.0000     0.1488     0.2161
year.1981     0.0583     0.0304     1.9214    0.0548    -0.0012     0.1178
year.1982     0.0628     0.0332     1.8900    0.0588    -0.0023     0.1279
year.1983     0.0620     0.0367     1.6915    0.0908    -0.0099     0.1339
year.1984     0.0905     0.0401     2.2566    0.0241     0.0119     0.1691
year.1985     0.1092     0.0434     2.5200    0.0118     0.0243     0.1942
year.1986     0.1420     0.0464     3.0580    0.0022     0.0509     0.2330
year.1987     0.1738     0.0494     3.5165    0.0004     0.0769     0.2707
==============================================================================
```

图 9.2　混合估计模型 OLS 回归结果

三、随机效应模型

(一) Python 代码

在 linearmodels 中随机效应分析使用 RandomEffects 工具,通过语句 from linearmodels. panel import RandomEffects 载入 RandomEffects 估计随机效应方程。代码如下:

```
from linearmodels.panel import RandomEffects
#将数字形式转化成类别形式
year = pd.Categorical(data.year)
#设定两个索引值
data = data.set_index(['nr', 'year'])
#增加 year 列
data['year'] = year
exog_vars = ['black','hisp','exper','expersq','married', 'educ','union','year']
exog = sm.add_constant(data[exog_vars])
mod = RandomEffects(data.lwage, exog)
re_res = mod.fit()
print(re_res)
```

(二) 运行结果

代码运行结果如图 9.3 所示。

四、固定效应模型

(一) Python 代码

在 linearmodels 中固定效应分析使用 PanelOLS 工具,通过语句 from linearmodels. panel import PanelOLS 加载该工具。其中,固定效应用"实体效应"(entity effect)替代,在模型中设置 entity_effite = True 即可。去除时间均值平均的过程,相当于在 PanelOLS 设置 time_effects = True。

```
                    RandomEffects Estimation Summary
==================================================================================
Dep. Variable:              lwage   R-squared:                         0.1806
Estimator:           RandomEffects   R-squared (Between):               0.1853
No. Observations:            4360   R-squared (Within):                0.1799
Date:               Wed, Feb 17 2021   R-squared (Overall):               0.1828
Time:                   00:07:10   Log-likelihood                    -1622.5
Cov. Estimator:          Unadjusted
                                     F-statistic:                      68.409
Entities:                     545   P-value                            0.0000
Avg Obs:                   8.0000   Distribution:                  F(14, 4345)
Min Obs:                   8.0000
Max Obs:                   8.0000   F-statistic (robust):             68.409
                                     P-value                            0.0000
Time periods:                   8   Distribution:                  F(14, 4345)
Avg Obs:                   545.00
Min Obs:                   545.00
Max Obs:                   545.00

                         Parameter Estimates
==================================================================================
            Parameter  Std. Err.   T-stat   P-value   Lower CI   Upper CI
----------------------------------------------------------------------------------
const          0.0234     0.1514    0.1546    0.8771    -0.2735     0.3203
black         -0.1394     0.0480   -2.9054    0.0037    -0.2334    -0.0453
hisp           0.0217     0.0428    0.5078    0.6116    -0.0622     0.1057
exper          0.1058     0.0154    6.8706    0.0000     0.0756     0.1361
expersq       -0.0047     0.0007   -6.8623    0.0000    -0.0061    -0.0034
married        0.0638     0.0168    3.8035    0.0001     0.0309     0.0967
educ           0.0919     0.0107    8.5744    0.0000     0.0709     0.1129
union          0.1059     0.0179    5.9289    0.0000     0.0709     0.1409
year.1981      0.0404     0.0247    1.6362    0.1019    -0.0080     0.0889
year.1982      0.0309     0.0324    0.9519    0.3412    -0.0327     0.0944
year.1983      0.0202     0.0417    0.4840    0.6284    -0.0616     0.1020
year.1984      0.0430     0.0515    0.8350    0.4037    -0.0580     0.1440
year.1985      0.0577     0.0615    0.9383    0.3482    -0.0629     0.1782
year.1986      0.0918     0.0716    1.2834    0.1994    -0.0485     0.2321
year.1987      0.1348     0.0817    1.6504    0.0989    -0.0253     0.2950
==================================================================================
```

图 9.3　随机效应方法的运行结果

在例 9.1 中，模型中不随时间变化的变量只有 *educ*、*exper*、*expersq* 和 *union*。代码如下：

```
from linearmodels.panel import PanelOLS
exog_vars = ['expersq','union','married']
exog = data[exog_vars]
mod = PanelOLS(data.lwage, exog, entity_effects = True, time_effects = True)
fe_te_res = mod.fit()
print(fe_te_res)
```

根据固定效应方法的估计方程可以知道，固定效应方程是没有截距项的，所以在以上代码中不增加常数项。

（二）运行结果

代码运行结果如图 9.4 所示。

```
                     PanelOLS Estimation Summary
==============================================================================
Dep. Variable:              lwage   R-squared:                       0.0216
Estimator:               PanelOLS   R-squared (Between):            -0.2717
No. Observations:            4360   R-squared (Within):             -0.4809
Date:             Wed, Feb 17 2021  R-squared (Overall):            -0.2808
Time:                    00:07:10   Log-likelihood                  -1324.8
Cov. Estimator:         Unadjusted
                                    F-statistic:                     27.959
Entities:                     545   P-value                          0.0000
Avg Obs:                   8.0000   Distribution:                 F(3,3805)
Min Obs:                   8.0000
Max Obs:                   8.0000   F-statistic (robust):            27.959
                                    P-value                          0.0000
Time periods:                   8   Distribution:                 F(3,3805)
Avg Obs:                   545.00
Min Obs:                   545.00
Max Obs:                   545.00

                            Parameter Estimates
==============================================================================
            Parameter  Std. Err.    T-stat   P-value   Lower CI    Upper CI
------------------------------------------------------------------------------
expersq       -0.0052     0.0007   -7.3612    0.0000    -0.0066     -0.0038
union          0.0800     0.0193    4.1430    0.0000     0.0421      0.1179
married        0.0467     0.0183    2.5494    0.0108     0.0108      0.0826
==============================================================================

F-test for Poolability: 10.067
P-value: 0.0000
Distribution: F(551,3805)

Included effects: Entity, Time
```

图 9.4 固定效应方法的运行结果

五、一阶差分方法

面板数据处理中提到的用一阶差分消除固定效应的方法,也可以用 linearmodels 便利计算。语句 from linearmodels.panel import FirstDifferenceOLS 用于载入一阶差分估计工具(first difference OLS)。承例 9.1,采用一阶差分方法,代码如下:

```python
from linearmodels.panel import FirstDifferenceOLS
exog_vars = ['exper','expersq', 'union', 'married']
exog = data[exog_vars]
mod = FirstDifferenceOLS(data.lwage, exog)
fd_res = mod.fit()
print(fd_res)
```

结果如图 9.5 所示。

```
                    FirstDifferenceOLS Estimation Summary
==============================================================================
Dep. Variable:                lwage   R-squared:                      0.0268
Estimator:        FirstDifferenceOLS  R-squared (Between):            0.5491
No. Observations:              3815   R-squared (Within):             0.1763
Date:              Wed, Feb 17 2021   R-squared (Overall):            0.5328
Time:                      00:07:10   Log-likelihood                 -2305.5
Cov. Estimator:          Unadjusted
                                      F-statistic:                    26.208
Entities:                       545   P-value                         0.0000
Avg Obs:                     8.0000   Distribution:                 F(4,3811)
Min Obs:                     8.0000
Max Obs:                     8.0000   F-statistic (robust):           26.208
                                      P-value                         0.0000
Time periods:                     8   Distribution:                 F(4,3811)
Avg Obs:                     545.00
Min Obs:                     545.00
Max Obs:                     545.00

                             Parameter Estimates
==============================================================================
              Parameter  Std. Err.   T-stat  P-value  Lower CI  Upper CI
------------------------------------------------------------------------------
exper            0.1158     0.0196   5.9096   0.0000    0.0773    0.1542
expersq         -0.0039     0.0014  -2.8005   0.0051   -0.0066   -0.0012
union            0.0428     0.0197   2.1767   0.0296    0.0042    0.0813
married          0.0381     0.0229   1.6633   0.0963   -0.0068    0.0831
==============================================================================
```

图 9.5　一阶差分方法的运行结果

六、模型比较

同一个问题可以用多种不同的模型求解,除了逻辑和反思,我们还可以通过比较模型结果来选定最为合适的模型。linearmodels 提供了模型结果比较的工具 compare,我们可通过语句 from linearmodels.panel import compare 载入模型比较工具。

我们将不同的模型结果赋予不同的变量名,便于直接调取变量名进行比较。

print(compare({'FE':fe_te_res,'RE':re_res,'Pooled':pooled_res}))

这条命令就是显示固定效应模型、随机效应模型及混合估计模型结果之间的比较,运行结果如图 9.6 所示。

```
                                Model Comparison
=====================================================================
                                  FE              RE          Pooled
---------------------------------------------------------------------
Dep. Variable                  lwage           lwage           lwage
Estimator                    PanelOLS    RandomEffects       PooledOLS
No. Observations                4360            4360            4360
Cov. Est.                  Unadjusted      Unadjusted      Unadjusted
R-squared                     0.0216          0.1806          0.1893
R-Squared (Within)           -0.4809          0.1799          0.1692
R-Squared (Between)          -0.2717          0.1853          0.2066
R-Squared (Overall)          -0.2808          0.1828          0.1893
F-statistic                   27.959          68.409          72.459
P-value (F-stat)              0.0000          0.0000          0.0000
=====================  ==============  ================  ==============
expersq                      -0.0052         -0.0047         -0.0024
                            (-7.3612)       (-6.8623)       (-2.9413)
union                         0.0800          0.1059          0.1825
                             (4.1430)        (5.9289)        (10.635)
married                       0.0467          0.0638          0.1083
                             (2.5494)        (3.8035)        (6.8997)
const                                         0.0234          0.0921
                                             (0.1546)        (1.1761)
black                                        -0.1394         -0.1392
                                            (-2.9054)       (-5.9049)
hisp                                          0.0217          0.0160
                                             (0.5078)        (0.7703)
exper                                         0.1058          0.0672
                                             (6.8706)        (4.9095)
educ                                          0.0919          0.0913
                                             (8.5744)        (17.442)
year.1981                                     0.0404          0.0583
                                             (1.6362)        (1.9214)
year.1982                                     0.0309          0.0628
                                             (0.9519)        (1.8900)
year.1983                                     0.0202          0.0620
                                             (0.4840)        (1.6915)
year.1984                                     0.0430          0.0905
                                             (0.8350)        (2.2566)
year.1985                                     0.0577          0.1092
                                             (0.9383)        (2.5200)
year.1986                                     0.0918          0.1420
                                             (1.2834)        (3.0580)
year.1987                                     0.1348          0.1738
                                             (1.6504)        (3.5165)
=====================  ==============  ================  ==============
Effects                       Entity
                                Time
---------------------------------------------------------------------

T-stats reported in parentheses
```

图 9.6　模型比较的结果

第十章　应用 Python 处理联立方程组

若两个变量在同一个系统中存在相互影响关系,是交互决定的,这时仅仅用单一的回归模型来检验单向的因果关系可能不是很合适,将单个模型发展成联立方程模型来研究可能更合理。联立方程组模型是多个相互关联的方程共同组成的模型,其中至少一个被解释变量是模型中另一个方程的解释变量。例如,供给方程和需求方程组成的方程组 10.1 中,供给是供给方程中的被解释变量,但是又是需求方程中的解释变量。

$$\begin{cases} Q_t = a_0 + a_1 P_t + a_2 P_{t-1} + u_{1t} \\ P_t = b_0 + b_1 Q_t + b_2 Q_{t-1} + C_t + u_{2t} \end{cases} \tag{10.1}$$

上述模型中,Q 和 P 互为因果,如何估计其参数就是联立方程组模型的估计问题。本章学习如何应 Python 估计联立方程组模型。

第一节　联立方程组的关键概念

一、变量类型

联立方程组中的内生变量是指完全由方程组决定的变量,如方程组 10.1 中的 Q 和 P;外生变量是指需要模型之外其他因素决定的变量,如方程组 10.1 中的 C。由于外生变量在模型之前已经确定,我们可以形象地称之为前定变量。前定变量也包括滞后的内生变量,如方程组 10.1 中的 Q_{t-1} 和 P_{t-1}。

内生变量 y 可能受到模型中随机误差项 u 的影响,y 并不独立于 u,即 $\text{Cov}(y, u) \neq 0$,$E(y \mid u) \neq 0$;而外生变量不受模型内误差项影响。

二、方程类型

方程组 10.1 的表达方式被称为结构模型。结构模型从形式上可以看作被解释变量用其他内生变量以及外生变量以及随机误差表示的方程形式。从意义上,其反映出被解释变量和其他变量之间的结构关系。如果将内生变量都表达为仅包括外生变量和随机误差项的函数形式,则这种方程组称为简约模型。

三、方程组识别条件

一个方程可识别的充分必要条件是该方程中至少有一个外生变量,该变量不在另一个方程中,且该变量的系数不等于零。或者说,一个方程是可识别的,意味着该方程包含的变量个数不得大于联立方程组中所有前定变量的个数加1。

识别的步骤如下:

(1)将内生变量转化成为简约形式。

(2)对简约形式的外生变量进行联合显著的 F 检验。

第二节 方程组参数估计方法的 **Python** 实现

因为被解释变量和误差项可能相关,所以不能够简单使用 OLS 方法估计,否则得出的估计量是有偏的,这种现象被称作联立偏误。

例 10.1 已婚妇女的劳动力供给(数据 MROZ.xls)

本例基于美国已婚妇女的劳动力供给数据,建立联立方程组并应用 Python 进行参数估计。本例只针对数据分析展示的结果进行分析,不讨论数据背后的社会和文化问题。

一、构建模型

本例将工作时间 $hours$ 作为劳动力供给的指标,同时考虑影响工作时间的变量,包括工资收入 $log(wage)$、教育年限 $educ$、年龄 age、小于 6 岁子女数量 $kidslt6$ 和非工作收入如丈夫的收入 $nwifeinc$。该劳动力供给方程模型为:

$$hours = \alpha_1 log(wage) + \beta_0 + \beta_1 educ + \beta_2 kidslt6 + \beta_3 nwifeinc + u_1$$

和单一方程模型不同的是,工资收入会影响工作时间,工作时间也会反向影响工资收入。所以还存在如下工资方程:

$$log(wage) = \alpha_2 hours + \beta_4 + \beta_5 educ + \beta_6 exper + \beta_7 exper^2 + u_2$$

这两个方程构成了联立方程组。首先要解决的是两个方程的可识别问题,我们将内生

变量表达成为简约形式,比如工资的简约形式如下:

$$log(wage)=\pi_0+\pi_1 educ+\pi_2 age+\pi_3 kidslt6+\pi_4 nwifeinc+\pi_5 exper+\pi_6 exper^2+v_1$$

$log(wage)$ 可识别的充分必要条件是至少有一个外生变量不在 $hours$ 供给方程中。显然 $exper$ 和 $exper^2$ 符合条件。下一步,我们要证明 $\pi_5\neq0$ 或 $\pi_6\neq0$,采用的方法就是联合假设检验。

类似,$hours$ 方程可识别的充分必要条件是 age、$kidslt6$ 或 $nwifeinc$ 中至少有一个具有非零系数。

使用 2SLS 进行联立方程组估计的步骤如下:

(1) 将内生变量表示为简约形式。

(2) 使用 OLS 分别估计各内生变量的简约方程的参数,得到各内生变量的估计值。

(3) 将各内生变量的估计值代入结构方程中,再次使用 OLS 方法进行估计,得到结构方程参数的估计值。

二、Python 处理过程及结果分析

第一步,整理数据。

```
data = pd.read_excel('d:/pythondata/mroz.xls',header = None)
data.rename(columns = {1:'hours',2:'kidslt6',4:'age',5:'educ',18:'exper',19:'nwifeinc',20:'lwage',21:'expersq'},inplace = True)
data.replace('.',np.nan,inplace = True)
data = data.dropna()
data = sm.add_constant(data,has_constant ='add')
```

第二步,进行简约型方程的 OLS 回归。

#将所有的外生变量和滞后变量都作为外生变量

```
exog = ['const','educ','age','exper','expersq','kidslt6','nwifeinc']
```

#对两个内生变量分别回归

```
res_hours = sm.OLS(data['hours'],data[exog]).fit()
res_lwage = sm.OLS(data['lwage'],data[exog]).fit()
```

#得到拟合值

```
data['hours_hat'] = res_hours.fittedvalues
```

```
data['lwage_hat'] = res_lwage.fittedvalues
```

实际操作中简约模型就是包括了所有内生变量和滞后变量的方程,将这些字段名集中到 *exog* 变量中。*.fittedvalues* 就是拟合值或预测值的结果。

第三步,将拟合值代入到结构方程中,并在此进行 OLS 回归,得到结果。

#分别构建结构方程外生变量字段集合

```
exog_hours = ['const','lwage_hat','educ','age','kidslt6','nwifeinc']
exog_lwage = ['const','hours_hat','educ','exper','expersq']
```

#二阶段 OLS 拟合

```
res_hours2 = sm.OLS(data['hours'],data[exog_hours]).fit()
res_lwage2 = sm.OLS(data['lwage'],data[exog_lwage]).fit()
```

#展示回归系数

```
print(res_hours2.params)
print(res_lwage2.params)
```

exog_hours 和 *exog_lwage* 分别表示结构方程中的变量(包括内生变量和外生变量)。*params* 是回归系数的结果。res_hours2.params 的结果如下:

const	2225.662115
lwage_hat	1639.555558
educ	− 183.751294
age	− 7.806094
kidslt6	− 198.154288
nwifeinc	− 10.169590

lwage 的系数为 1 639.56,可以解释为在其他因素不变的情况下,工资增加 1%,引起已婚妇女在劳动力市场上多工作 1 640 小时。如果用劳动经济学中的弹性来解释,在 1 303 小时劳动水平的弹性为 1.26(1 640÷1303),在较低劳动水平 800 小时水平的弹性为 2.05(1 640÷800)。

对于工资方程,运行代码 print(res_lwage2.summary()),其结果如图 10.1 所示。

```
                          OLS Regression Results
================================================================================
Dep. Variable:                   lwage   R-squared:                       0.157
Model:                             OLS   Adj. R-squared:                  0.149
Method:                  Least Squares   F-statistic:                     19.74
Date:                 Wed, 17 Feb 2021   Prob (F-statistic):           6.49e-15
Time:                         01:05:17   Log-Likelihood:                -431.47
No. Observations:                  428   AIC:                             872.9
Df Residuals:                      423   BIC:                             893.2
Df Model:                            4
Covariance Type:             nonrobust
================================================================================
                 coef    std err          t      P>|t|      [0.025      0.975]
--------------------------------------------------------------------------------
const         -0.6557      0.332     -1.977      0.049      -1.308      -0.004
hours_hat      0.0001      0.000      0.504      0.615      -0.000       0.001
educ           0.1103      0.015      7.239      0.000       0.080       0.140
exper          0.0346      0.019      1.807      0.071      -0.003       0.072
expersq       -0.0007      0.000     -1.583      0.114      -0.002       0.000
--------------------------------------------------------------------------------
Omnibus:                        77.198   Durbin-Watson:                   1.964
Prob(Omnibus):                   0.000   Jarque-Bera (JB):              304.741
Skew:                           -0.740   Prob(JB):                     6.70e-67
Kurtosis:                        6.860   Cond. No.                     1.40e+04
================================================================================
```

图 10.1　工资方程的结果

值得注意的是,工作时间 $hours$ 的 p 值为 0.615,结果并不显著。这说明劳动力市场上要求的工资并不一定随着工作时间的投入而变化。

第十一章　应用 Python 处理时间序列数据

时间序列(time series)数据是一种重要的结构化数据形式,是在时间上分布的一系列数值。在多个时间点观察或测量的任何事物都可以形成一段时间序列数据,如股票价格、广告数据、气温变化、网站的网页页面的访问量 PV(page view)/独立访客 UV(unique visitor)、个人健康数据、工业传感器数据、服务器系统监控数据(比如 CPU 和内存占用率)、车联网等都是生活中常见的时序数据。时间序列分析(time series analysis)是一种动态数据处理的统计方法,该方法基于随机过程理论和数理统计学方法,研究随机数据序列所遵从的统计规律,以用于解决实际问题。本章学习如何应用 Python 构建模型处理不同特征的时间序列数据。

第一节　时间序列数据分析的基本模型

一、时间序列数据

时间序列数据是一组有时间顺序的数据,通常用带有时间的下标表示每一个数据。时间序列的样本容量就是时间序列的时期数。例如,自然失业率或通货膨胀率就是时间序列数据。

分析时间序列通常可以先绘制随时间变化的图形,以观察时间序列的基本趋势和变化特点。图 11.1 是美国 1948—2003 年的通胀率和失业率。

模型 11.1 中因变量和自变量是同期发生或观察的,即二者的时间下标是相同的,这种模型称为静态模型。模型表示如下:

$$y_t = \beta_0 + \beta_1 z_t + u_t, \ t = 1, \ 2, \ \cdots, \ n \tag{11.1}$$

模型 11.2 中一个或多个自变量对因变量有时间滞后(时滞),这种模型称为有限分布滞后模型(finite distributed lag model,FDL model)。模型表示如下:

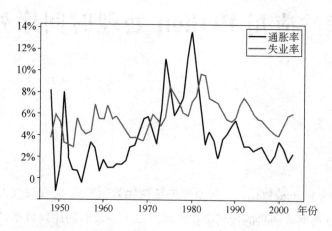

图 11.1　美国 1948—2003 年的通胀率和失业率

$$y_t = \beta_0 + \beta_1 z_t + \beta_2 z_{t-1} + \beta_3 z_{t-2} + u_t, \ t = 1, 2, \cdots, n \tag{11.2}$$

时间序列分析的基本假定包括以下几种：

（1）线性参数假定：因变量和自变量在每一期呈现线性关系。

（2）无完全共线性假定：所有自变量都不是其他变量的线性组合，且在整个时期中没有变量保持恒定不变。

（3）零条件均值假定：所有时期的误差项的期望值为零。

（4）同方差性假定：所有时期的误差项的方差都相等。

（5）无序列相关假定：任意两个时期的误差项都不相关。

（6）正态性假定：误差项独立于自变量，且独立同分布于正态分布。

例 11.1　个人所得税减免对生育率的影响（数据 FERTIL3.xls）

本节以个人所得税减免对生育率的影响分析为例，学习如何应用 Python 实现用于处理时间序列数据的静态模型和有限分布滞后模型。分析基于的是美国历史税收和生育率相关数据，仅对数据展示的结果进行分析，不讨论数据背后的政治、文化和社会问题。

二、静态模型

静态模型主要研究所得税减免(pe)对生育率的影响(gfr)。另外，本例还考虑了两个影响变量，一个是二战($ww2$)，在 1941—1945 年取值 1，其他时间取值 0；另一个是避孕药使用($pill$)，在 1963 年之后取值 1，在 1963 年之前取值 0。构建预期模型如下：

$$\widehat{gfr_t} = \delta_0 + \delta_1 pe_t + \delta_2 ww2_t + \delta_3 pill_t$$

数据整理代码如下：

```
data = pd.read_excel('d:/pythondata/fertil3.xls',header = None)
data.rename(columns = {0:'grf',1:'pe',10:'ww2',9:'pill',5:'pe_1',6:'pe_2'},
inplace = True)
data.exog = pd.DataFrame()
data.exog['pe'] = data['pe']
data.exog['ww2'] = data['ww2']
data.exog['pill'] = data['pill']
data.exog = sm.add_constant(data.exog)
```

这是一个静态模型,解释变量和被解释变量是同时期对应的,时间下标相同,可以用经典线性回归解决。

```
ols_model = sm.OLS(data.grf,data.exog)
ols_model_result = ols_model.fit()
ols_model_result.summary()
```

拟合结果如图 11.2 所示。

	coef	std err	t	P>|t|	[0.025	0.975]
const	98.6818	3.208	30.760	0.000	92.280	105.083
pe	0.0825	0.030	2.784	0.007	0.023	0.142
ww2	-24.2384	7.458	-3.250	0.002	-39.121	-9.356
pill	-31.5940	4.081	-7.742	0.000	-39.738	-23.450

图 11.2　静态模型的运行结果

从图 11.2 可以看出,所有变量的双侧检验 p 值(P>$|t|$)都很小,都是统计显著的。结合置信区间可以得出,减税增加生育率,二战和避孕药的使用降低生育率。

三、税收减免对生育率的影响后续效应

接下来,我们考察税收减免对生育率的影响后续效应,即所谓的有限分布滞后模型(FDL)。本例假设税收减免当年、1 年后和 2 年后都可能会对生育率有影响。期望的有限分布滞后模型如下:

$$\widehat{gfr_t}=\alpha_0+\delta_0 pe_t+\delta_1 pe_{t-1}+\delta_2 pt_{t-2}+\delta_3 ww2_t+\delta_4 pill_t$$

模型计算过程与静态模型的模拟过程类似,数据整理代码如下:

```
data = pd.read_excel('d:/pythondata/fertil3.xls',header = None)
```

```
data.rename(columns = {0:'grf',1:'pe',10:'ww2',9:'pill',5:'pe_1',6:'pe_2'},
inplace = True)

data.exog = pd.DataFrame()

data.exog['pe'] = data['pe']

data.exog['ww2'] = data['ww2']

data.exog['pill'] = data['pill']

data.exog['pe_1'] = data['pe_1']

data.exog['pe_2'] = data['pe_2']

data.exog = sm.add_constant(data.exog)

ols_model = sm.OLS(data.grf,data.exog)

ols_model_result = ols_model.fit()

ols_model_result.summary()
```

结果如图 11.3 所示。

	coef	std err	t	P>|t|	[0.025	0.975]
const	95.8705	3.282	29.211	0.000	89.314	102.427
pe	0.0727	0.126	0.579	0.565	−0.178	0.323
pe_1	−0.0058	0.156	−0.037	0.970	−0.317	0.305
pe_2	0.0338	0.126	0.268	0.790	−0.218	0.286
ww2	−22.1265	10.732	−2.062	0.043	−43.566	−0.687
pill	−31.3050	3.982	−7.862	0.000	−39.259	−23.351

图 11.3 考察税收减免对生育率的影响后续效应的运行结果

和税收减免相关的三个变量各自都不是统计显著的,这说明 pe_{t-1} 和 pe_{t-2} 影响了 pe。我们对三个变量联合显著性进行检验,首先计算非约束模型的 SSR,即上述模型的 SSR,然后剔除三个变量后的约束模型的 SSR,计算 F 统计量。相应代码如下:

#约束模型

```
data1 = pd.read_excel('d:/pythondata/fertil3.xls',header = None)

data1.rename(columns = {0:'grf',1:'pe',10:'ww2',9:'pill',5:'pe_1',6:'pe_2'},
inplace = True)

data1.exog = pd.DataFrame()

data1.exog['ww2'] = data1['ww2']

data1.exog['pill'] = data1['pill']

data1.exog = sm.add_constant(data1.exog)
```

```
ols_model1 = sm.OLS(data1['grf'],data1.exog)
ols_model_result1 = ols_model1.fit()
ols_model_result1.summary()
n1 = len(data1)
df1 = n1 - 2 - 1
ssr_r = ols_model_result1.ssr
q = df1 - df
```

根据公式计算 F 统计量

```
F = (ssr_r - ssr_ur)/ssr_ur * (n - 5 - 1)/q
```

拒绝域临界值

```
c = stats.f.ppf(0.95,q,df)
```

计算 p 值

```
pvalue_f = 1 - stats.f.cdf(F,q,df)
```

计算结果显示，$F=3.24$，而拒绝域临界值 $c=2.36$，$F>c$，p 值 $=0.011$，非常小，所以拒绝原假设，即 pe、pe_{t-1} 和 pe_{t-2} 是联合显著的。

因此，我们需要估计这三个变量对生育率的短期影响（短期冲击）和长期影响（长期倾向）。税收减免长期倾向即 $\delta_0+\delta_1+\delta_2=0.0727-0.0058+0.0338=0.1007$。我们还需要进一步对该结论进行检验并构造置信区间。但是由于上述模型不能够直接提供税收减免长期倾向的标准误，所以我们采用一定的变换重新估计。

令 $\theta_0=\delta_0+\delta_1+\delta_2$，于是 $\delta_0=\theta_0-\delta_1-\delta_2$，代入本例模型：

$$gfr_t=\alpha_0+(\theta_0-\delta_1-\delta_2)pe_t+\delta_1 pe_{t-1}+\delta_2 pt_{t-2}+\delta_3 ww2_t+\delta_4 pill_t$$
$$=\alpha_0+\theta_0 pe_t+\delta_1(pe_{t-1}-pe_t)+\delta_2(pe_{t-2}-pe_t)+\delta_3 ww2_t+\delta_4 pill_t$$

我们将 $pe_{t-1}-pe$ 和 $pe_{t-2}-pe_t$ 作为两个新的解释变量重新拟合数据，就可以得到 θ 的标准误，从而进行检验和置信区间构造。

两个新变量可以使用 Python 简单语句得到，代码如下：

```
data.exog = pd.DataFrame()
data.exog['pe'] = data['pe']
data.exog['ww2'] = data['ww2']
data.exog['pill'] = data['pill']
```

```
data.exog = sm.add_constant(data.exog)
```

构造变量 $pe\_(t-1) - pe\_t$

```
data.exog['pe_10'] = data['pe_1'] - data['pe']
```

构造变量 $pe\_(t-2) - pe\_t$

```
data.exog['pe_20'] = data['pe_2'] - data['pe']
```

此时得到的外生变量数据集 data.exog 已经包含新构建的解释变量了,注意,此时外生变量数据集中不能再包括 pe_{t-1} 和 pe_{t-2} 这两个变量了。

用 data.exog 重新拟合上述模型,代码不变,结果如图 11.4 所示。

```
ols_model = sm.OLS(data['grf'],data.exog.astype(float))
ols_model_result = ols_model.fit()
ols_model_result.summary()
```

	coef	std err	t	P>|t|	[0.025	0.975]
const	95.8705	3.282	29.211	0.000	89.314	102.427
pe	0.1007	0.030	3.380	0.001	0.041	0.160
ww2	-22.1265	10.732	-2.062	0.043	-43.566	-0.687
pill	-31.3050	3.982	-7.862	0.000	-39.259	-23.351
pe_10	-0.0058	0.156	-0.037	0.970	-0.317	0.305
pe_20	0.0338	0.126	0.268	0.790	-0.218	0.286

图 11.4　构造新解释变量后的运行结果

在这个模型中,pe 的系数其实就是长期倾向,其值为 0.1007,和我们前面计算的结果相同,标准误为 0.030,t 统计量为 3.38,p 值为 0.001 很小,所以长期倾向是统计显著的,置信区间为 [0.041,0.160]。因此,税收减免对于生育率是有正向影响的。

第二节　不同特征的时间序列数据分析

一、趋势和周期时间序列数据

(一)趋势和周期数据特征

时间序列经常呈现趋势和周期。例如,图 11.5 显示 1947—1987 年美国住房价格指数的变化,其在波动过程中体现出整体的上涨趋势。

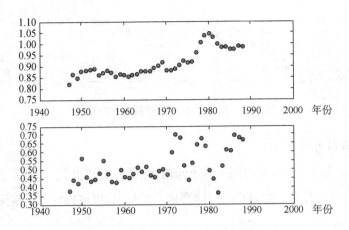

图 11.5　1947—1987 年美国住房价格指数变化

线性趋势可以直观理解为数值随时间呈现线性变化,所以可以表达为:

$$y_t = \alpha_0 + \alpha_1 t + e_t,\ t = 1,\ 2,\ \cdots,\ T$$

如果考虑图 11.5 在 1980 年后呈现的下降趋势,则可以用多项式表达趋势关系。通常,我们采用二次多项式表达,此时表达式为:

$$y_t = \alpha_0 + \alpha_1 t + \alpha_2 t^2 + e_t,\ t = 1,\ 2,\ \cdots,\ T$$

针对呈现指数增长的情形,其指数趋势表达为:

$$log(y_t) = \beta_0 + \beta_1 t + e_t,\ t = 1,\ 2,\ \cdots,\ T$$

(二) 伪回归问题识别

下面基于美国历史数据研究住房投资与住房价格指数之间的关系,学习如何应用 Python 识别是否存在因为时间趋势和周期造成的伪回归问题。

例 11.2　住房投资与住房价格(数据 HSEINV.xls)

本例研究人均住房投资与住房价格指数之间的关系,被解释变量 *invpc* 表示人均住房投资(千美元),解释变量 *price* 表示住房价格指数。

1. 经典弹性模型

构建经典的弹性模型如下:

$$\widehat{log(invpc)} = \alpha_0 + \alpha_1 log(price)$$

图 11.6 结果显示，*lprice* 回归系数为 1.24，*p* 值为 0.002，说明统计显著，弹性比较大。

	coef	std err	t	P>|t|	[0.025	0.975]
const	−0.5502	0.043	−12.788	0.000	−0.637	−0.463
lprice	1.2409	0.382	3.245	0.002	0.468	2.014

图 11.6　例 11.1 经典弹性模型运行结果

2. 加入时间因素的模型

考虑到 *invpc* 和 *price* 都随时间呈现上涨趋势，所以很可能是二者都与时间相关导致，这通过图 11.5 也可以看出。如果将时间因素加入模型中，则可构建如下模型：

$$\widehat{log(invpc)} = \alpha_0 + \alpha_1 log(price) + \alpha_2 t$$

代码如下：

```
data = pd.read_excel('d:/pythondata/hseinv.xls', header = None)
data.rename(columns = {9:'linvpc', 6:'lprice', 0:'year'}, inplace = True)
```

#经典弹性回归模型

```
data.exog = pd.DataFrame()
data.exog['lprice'] = data['lprice']
data.exog = sm.add_constant(data.exog)
ols_model = sm.OLS(data['linvpc'], data.exog)
ols_model_result = ols_model.fit()
ols_model_result.summary()
```

#将时间因素加入模型中

```
data.exog = pd.DataFrame()
data.exog['lprice'] = data['lprice']
```

#构造时间数据

```
data.exog['time'] = data['year'] - 1946
data.exog = sm.add_constant(data.exog)
ols_model_t = sm.OLS(data['linvpc'], data.exog)
ols_model_result_t = ols_model_t.fit()
ols_model_result_t.summary()
```

数据中 *year* 从 1947 年开始，而模型中的时间变量 $t=1, 2, \cdots, T$，所以要减去 1 946，以符合模型要求。

结果如图 11.7 所示。

	coef	std err	t	P>|t|	[0.025	0.975]
const	-0.9131	0.136	-6.733	0.000	-1.187	-0.639
lprice	-0.3810	0.679	-0.561	0.578	-1.754	0.992
time	0.0098	0.004	2.798	0.008	0.003	0.017

图 11.7　例 11.1 加入时间因素后的模型运行结果

结果发现，*lprice* 的回归系数为负，而且不显著。比较两个模型发现，剔除了趋势后，二者并没有明显的相关关系。这是一种典型的共同趋势导致的伪回归问题。

二、平稳性和弱相关性时间序列数据

（一）平稳性和弱相关性数据特征

当时间序列基本假定不能满足时，OLS 依然可以发挥作用，这就要用到大样本的渐近性。所谓渐近性，就是在不满足经典线性假设时可以根据大数定律和中心极限定理，同样使用 OLS 进行回归分析的性质。渐近性使用需要两个条件，一个是时间序列的平稳性，另一个是弱相关性。

所谓平稳性，直观上就是一定时间段的数据是服从同分布的。所谓弱相关性，是指相隔一定时间段的数据是独立同分布的。常见的弱相关形式是一阶移动平均，$y_t=e_t+\alpha_1 e_{t-1}$，$t=1, 2, \cdots, T$，以及一阶自回归过程，$y_t=\rho_1 y_{t-1}+e_t$，$t=1, 2, \cdots, T$。其中"一阶"的直观意义是只有一期滞后数据对当前值产生影响，而"以前"的"高阶"数据对当前数据没有影响。

在使用时间序列 OLS 渐近性的时候，必须警惕其是否符合前提条件，这些前提条件主要有：

（1）线性、平稳、弱相关。

（2）无完全共线性。

（3）条件均值为零（$E(u_t|X_t)=0$）。

（4）同方差（$Var(u_t|X_t)=$常数）。

（5）无序列相关。

（二）有效市场假说检验

有效市场假说（efficient markets hypothesis，EMH）是现代金融学的基础。其中，弱有效市场的含义大致是历史价格数据对预测未来的价格没有帮助,试图通过分析历史数据预测未来的市场价格在有效市场上是无效的。

本节以有效市场假说检验为例,学习如何应用 Python 对平稳性和弱相关性时间序列数据进行分析。

 例 11.3 有效市场假说(NYSE.xls)

1. 检验模型构建

EMH 可以表述为:

$$E(y_t|y_{t-1}, y_{t-2}, \cdots)=E(y_t)$$

检验思路是假定:

$$y_t=\beta_0+\beta_1 y_{t-1}+u_t$$

如果有效市场假说成立,则 $\beta_1=0$。

2. Python 实现

使用 1976 年 1 月至 1989 年 3 月的纽约证券交易所的周收益率数据估计一阶自回归模型的参数。

```
data = pd.read_excel('d:/pythondata/nyse.xls',header = None)
data.replace('.',np.nan,inplace = True)
data.dropna(inplace = True)
data.rename(columns = {1:'return',2:'return_1'},inplace = True)
exog = data['return_1']
exog = sm.add_constant(exog)
ols_model = sm.OLS(data['return'],exog)
ols_model_result = ols_model.fit()
ols_model_result.summary()
```

结果如图 11.8 所示。

	coef	std err	t	P>|t|	[0.025	0.975]
const	0.1796	0.081	2.225	0.026	0.021	0.338
return_1	0.0589	0.038	1.549	0.122	-0.016	0.134

图 11.8 例 11.3 的运行结果

本周的收益率的确和上一周的收益率有些正相关，但是统计上并不显著，所以不能拒绝有效市场假说。

三、高度持续性时间序列数据

分析高度持续性时间序列数据的一种方法是随机游走模型：

$$y_t = y_{t-1} + e_t, \ t = 1, \ 2, \ \cdots, \ T$$

很显然，随机游走序列 y_t 的期望值不依赖于时间 t，方差是时间 t 的线性函数。

下面以估计生产率与工资之间的弹性为例，学习如何应用 Python 分析具备高度持续性特征的时间序列数据。

 例 11.4　工资和生产率（数据 EARNS.xls）

本例估计以每小时产出衡量的生产率和平均每小时工资衡量的工资之间的弹性，即生产率变化 1% 对应工资变化的百分比。数据为 1947 年到 1987 年的数据，属于时间序列数据。由于二者都有随着时间上升而上升的趋势，所以简单地使用 OLS 方法，会产生"回归谬误"，解决办法之一就是在模型中增加时间变量，这样得到的结果就是去除了时间影响之后的关系。

（一）模型构建

构建模型如下：

$$log(hrwage_t) = \beta_0 + \beta_1 log(outphr_t) + \beta_2 t + u_t$$

- $log(hrwage)$：平均每小时工资的对数
- $log(outphr)$：每小时产出
- t：时间（从数据开始的年份也就是对应 1947 年开始取值 1，每往后一年，t 取值加 1）

（二）Python 实现

代码如下：

```
data = pd.read_excel('d:/pythondata/earns.xls', header = None)
data.replace('.', np.nan, inplace = True)
data.dropna(inplace = True)
data.rename(columns = {5:'lhrwage', 6:'loutphr', 7:'t'}, inplace = True)
exog = data[['loutphr', 't']]
```

```
exog = sm.add_constant(exog)

ols_model = sm.OLS(data['lhrwage'],exog).fit()

ols_model.summary()
```

结果如图 11.9 所示。

	coef	std err	t	P>|t|	[0.025	0.975]
const	-5.2977	0.450	-11.765	0.000	-6.212	-4.384
loutphr	1.6322	0.111	14.648	0.000	1.406	1.858
t	-0.0181	0.002	-9.207	0.000	-0.022	-0.014

图 11.9 例 11.4 的运行结果

loutphr 的系数为 1.6322,意味着劳动生产率每提高 1%,会使工资率提高约 1.63%。

附录 应用 Python 进行数据分析的基础

第一节 Python 概述

Python,本义"蟒蛇",是 1989 年荷兰人 Guido van Rossum 开发的一个脚本解释程序,始终贯彻的设计理念为明确、简单,而且有着开发速度快、节省时间和容易学习等特点。Python 是跨平台的开发工具,可以在多个操作系统上进行编程,编写好的程序也可以在不同系统上运行。在学习 Python 数据分析之前,需要先搭建 Python 应用环境,学习 Python 应用基础。

该部分先介绍 Python 的应用场景,Python 应用环境的搭建,然后介绍 Python 的基本概念,以及应用 Python 进行数据处理、计算和绘图需要的常用工具包等。

一、Python 的应用场景

Python 的扩展性很好,具有丰富和强大的算法库和工具包,能够把使用其他语言制作的各种模块轻松联结在一起,应用于网络爬虫、数据分析、机器学习等不同计算机应用场景。

(一) 网络爬虫

网络爬虫(又称网络蜘蛛、网络机器人),是指按照一定规则在网络上自动提取网页,爬取所需信息内容的脚本程序。数字化时代,人类越来越多的工作和活动通过网络完成,在线行为、在线社群演化、人类动力学研究、计量社会学、复杂网络、数据挖掘等领域的研究都需要大量数据,网络爬虫是收集此类数据的利器。众所周知,每个网页通常包含其他网页的入口,网络爬虫通过一个网址依次进入其他网址获取所需内容。网络爬虫通常被用作搜索引擎从万维网上下载网页,或是被作为搜索引擎的重要组成。网络爬虫从一个或若干初始网页的 URL 开始,获得初始网页上的 URL,在抓取网页的过程中,不断从当前页面上抽取新的 URL 放入队列,直到满足设定的一定停止条件。简单来说,网络爬虫要做的就是实现浏览器的功能,通过指定 URL,直接返回给用户所需要的数据,而不需要一步步人工去操纵浏览器获取。

Pyhton 可以用于完成网络爬虫场景下的各项任务。将 Python 应用在网络爬虫场景下的主要任务包括：明确目标（明确准备在哪个范围或者网站去搜索）；爬（将目标网站的内容全部爬下来）；取（去掉不需要的无关数据）；处理数据（按照需要的方式存储和使用数据）。

（二）科学计算

Python 有很多开源的算法库和数学工具包，如 Pandas、SciPy/NumPy、Matplotlib 和 Statsmodels 等都可以进行数据分析的工作。将 Python 用于科学计算可以达到事半功倍的效果，例如，NumPy（Numerical Python）是 Python 中用于数值型数组计算的库。SciPy（Scientific Library for Python）是建立在 NumPy 之上的，SciPy 软件库实现了很多用于科学数据处理的函数，可以用于统计学、信号处理、图像处理和函数优化。再如，用 NumPy 可以进行分位数标准化，用 SciPy 可以进行函数优化等，用 Pandas 和 Matplotlib 可以进行模型计算和绘图 。

Python 的整个生态系统及其算法库和工具包使它成为很多初学者和高级用户的合适选择。

（三）人工智能

人工智能是计算机科学的一个分支，企图了解智能的实质，并生产出一种新的能以人类智能相似的方式作出反应的智能机器。人工智能学科领域的研究包括机器人、语言识别、图像识别、自然语言处理和专家系统等。人工智能从诞生以来，理论和技术日益成熟，应用领域也不断扩大，可以设想，未来人工智能带来的科技产品，将会是人类智慧的"容器"，甚至可能超过人的智能。

随着人工智能的应用发展，Python 正在成为机器学习的首选语言，大多数机器学习课程的教材都是基于 Python 编写的，大量大公司机器学习项目使用的也是 Python。常用的机器学习库有 PyBrain、PyML（Machine Learning in Python）、Scikit-learn、MDP-Toolkit（Modular toolkit for Data Processing）、NLTK（Natural Language ToolKit）等。PyBrain 是一个灵活、简单而有效的针对机器学习任务的算法，它是模块化的 Python 机器学习库，提供了多种预定义好的环境来测试和比较算法。PyML 是一个用 Python 写的双边框架，重点研究支持向量机（Support Vector Machines，SVM）方法和其他内核方法。Scikit-learn 是 Python 的一个模块，旨在提供简单而强大的解决方案，集成了经典的机器学习的算法，这些算法和 NumPY，Scipy，Matplotlib 等 Python 科学计算工具包紧密联系在一起。数据处理工具包 MDP-Toolkit 是一个 Python 数据处理的框架，可以很容易地进行扩展，还收集了有监管和没有监管的学习算法以及其他数据处理单元，可以组合成数据处理序列或者更复杂的前馈网络结构。自然语言处理工具包 NLTK 是自然语言处理 NLP（Natural Language Process）研究领域常用的一个 Python 库，是一个开源的 Python 模块，包含语言学数据和文档,用来研究和开发自然语言处理和文本分析。

二、Python 应用环境搭建

(一) 在 Windows 环境下安装 Python

1. Python 官网下载安装

从 Python 官网下载 Python 安装程序,登陆 https://www.python.org/downloads/,选择最新版本的安装程序下载。在 Windows 上安装 Python 和安装普通软件一样简单,下载安装包以后按安装向导选择默认选项完成安装步骤即可。

2. 通过 Anaconda 安装

Anaconda 指的是一个开源的 Python 包和环境管理器,包含了 Conda、Python 等 180 多个科学包及其依赖项。

用户可通过 https://www.anaconda.com/distribution/#download-section 下载最新版本,按照向导安装时注意勾选"添加环境变量"(Add Anaconda to my PATH)。

(二) 进入 Python 应用环境

1. 直接调用 Python 进入应用

执行 cmd 命令,打开 Windows 命令窗口后,直接调用 Python,如图 1、图 2 所示。

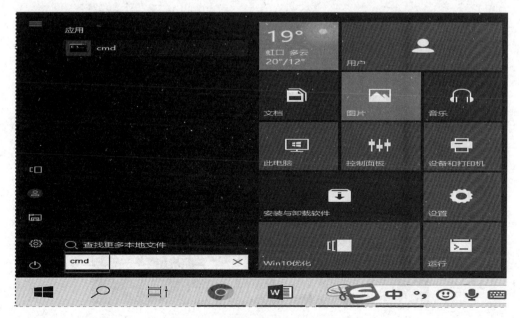

图 1　执行 cmd 命令

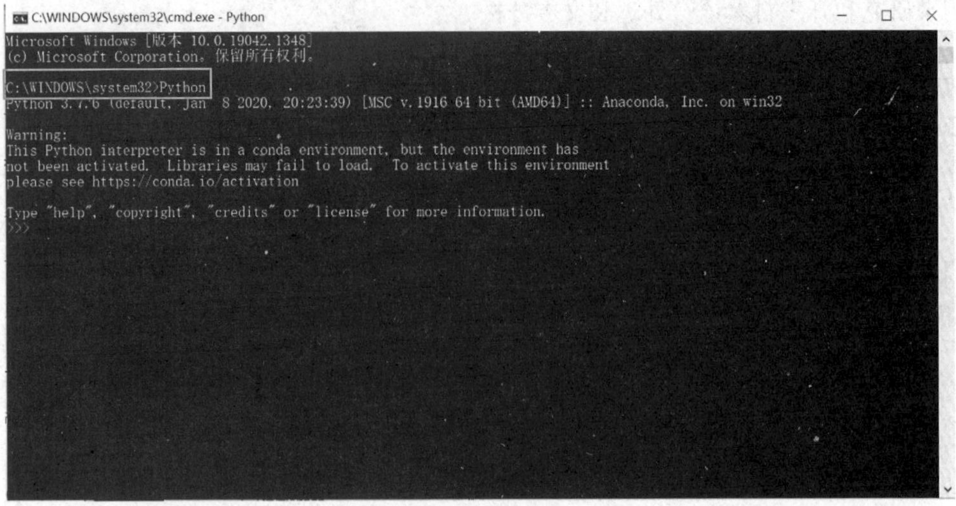

图 2　调用 Python

2. 调用 Anaconda 包含的 Jupyter Notebook 进入应用

　　Jupyter Notebook 是基于网页的用于交互计算的应用程序。其可被应用于全过程计算：开发、文档编写、运行代码和展示结果。Jupyter Notebook 是以网页的形式打开，可以在网页页面中直接编写代码和运行代码，代码的运行结果也会直接在代码块下显示。如在编程过程中需要编写说明文档，可在同一个页面中直接编写，便于及时说明和解释。具体如图 3 至图 5 所示。

图 3　打开 Jupyter Notebook

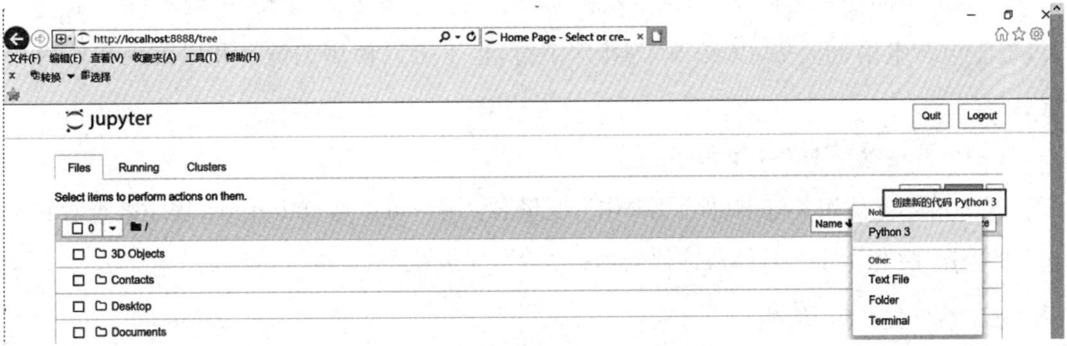

图 4 Jupyter Notebook 应用界面

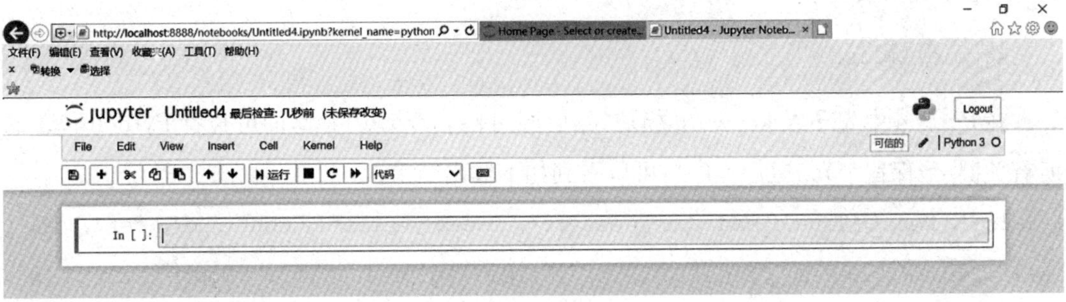

图 5 在 Jupyter Notebook 中建立新文档

三、Python 应用基本概念

(一) Python 变量

任何编程语言都需要处理数据,比如数字、字符串、字符等,可以直接使用数据,也可以将数据保存到变量中,方便以后使用。变量是计算机内存中的一块区域,可以存储规定范围内的值,而且值可以改变。变量可以指定不同的数据类型,这些变量可以存储整数、小数或字符。基于变量的数据类型,解释器会分配指定内存,并决定什么数据可以被存储在内存中。

在编程语言中,将数据放入变量的过程叫作赋值(assignment),变量的赋值是变量声明和定义的过程。在 Python 中对变量进行赋值,使用等号(=)作为赋值运算符,具体格式为 name = value。其中,name 表示变量名;value 表示值,也就是要存储的数据。

变量是标识符的一种,它的名字不能随便起,需遵守 Python 标识符命名规范,还要避免和 Python 内置函数以及 Python 保留字(也称关键字)重名。

Python 中的变量名由字母(A～Z 和 a～z)、数字、下划线组成,一般不能用数字开头,不能包含空格、@、% 以及 $ 等特殊字符,也不可以使用关键字和内置函数作为变量名。

1. Python 的关键字(保留字)

Python 不能使用关键字(保留字)作为变量名,用户可以通过 Python 程序来查看它所包含的关键字(保留字),具体程序语句为:

#导入 *keyword* 模块

```
import keyword
```

#显示所有关键字

```
keyword.kwlist
```

在 Python 中先导入 keyword 模块,然后调用 keyword.kwlist,即可查看 Python 包含的所有关键字(保留字)。运行程序后可以看到如下输出结果:

['False','None','True','and','as','assert','break','class','continue','def','del','elif','else','except','finally','for','from','global','if','import','in','is','lambda','nonlocal','not','or','pass','raise','return','try','while','With','yield']

输出结果中的这些关键字(保留字)都不能被用作变量名。

2. Python 的内置函数

此外,Python 的内置函数也不能用作变量名(同样也不能作为自定义的函数名、类名、模板名、对象名等)。虽然这样做 Python 解释器不会报错,但这会导致同名的内置函数被覆盖,从而无法使用。

函数就是一段封装好的、可以重复使用的代码,它使得我们的程序更加模块化,不需要编写大量重复的代码。用户将自己使用频繁的代码段封装起来,并给它起一个名字,以后使用的时候只要知道名字就可以,这就是用户自定义的函数。

Python 自带的函数叫作内置函数。Python 解释器启动以后,内置函数也生效了,可以直接拿来使用,不需要导入某个模块。Python 内置函数和 Python 标准库函数是不一样的,Python 标准库相当于解释器的外部扩展,它并不会随着解释器的启动而启动,要想使用这些外部扩展,必须提前导入。Python 标准库非常庞大,包含了很多模块,若想使用某个函数,必须提前导入对应的模块,否则函数是无效的。

一般来说,Python 内置函数的执行效率要高于 Python 标准库函数。Python 内置函数如表 1 所示。

表 1　Python 内置函数

abs()	all()	any()	basestring()	bin()
bool()	bytearray()	callable()	chr()	classmethod()
cmp()	compile()	complex()	delattr()	dict()
dir()	divmod()	enumerate()	eval()	execfile()
file()	filter()	float()	format()	frozenset()
getattr()	globals()	hasattr()	hash()	help()
hex()	id()	input()	int()	isinstance()
issubclass()	iter()	len()	list()	locals()
long()	map()	max()	memoryview()	min()
next()	object()	oct()	open()	ord()
pow()	print()	property()	range()	raw_input()
reduce()	reload()	repr()	reversed()	zip()
round()	set()	setattr()	slice()	sorted()
staticmethod()	str()	sum()	super()	tuple()
type()	unichr()	unicode()	vars()	xrange()
Zip()	_import_()	apply()	buffer()	coerce()
intern				

（二）Python 运算符

Python 的运算符有赋值运算符、算数运算符、关系运算符和逻辑运算符。常见赋值运算符包括＝，－＝，＋＝，常见算数运算符包括＋，－，＊，/，％，＊＊，常见关系运算符包括＜，＜＝，＞，＞＝，!＝，＝＝，常见逻辑运算符包括 and，or，not。

赋值运算符用来把右侧的值传递给左侧的变量（或常量）；可以直接将右侧的值交给左侧的变量，也可以进行某些运算后再交给左侧的变量，比如加减乘除、函数调用、逻辑运算等。Python 中最常见、最基本的赋值运算符是等号（＝），用来将一个表达式的值赋给另一个变量；结合其他运算符，等号还能扩展出更强大的赋值运算符，如表 2 所示。

表 2　部分 Python 扩展赋值运算符

运算符	说明	用法举例	等价形式
=	最基本的赋值运算	x= y	x= y
+=	加赋值	x+= y	x= x+y

（续表）

运算符	说明	用法举例	等价形式
– =	减赋值	x– = y	x= x–y
* =	乘赋值	x * = y	x = x * y
/ =	除赋值	x/ = y	x= x/y
% =	取余数赋值	x% = y	x= x% y
** =	幂赋值	x** = y	x= x** y
// =	取整数赋值	x // = y	x= x//y
& =	按位与赋值	x & = y	x= x & y
| =	按位或赋值	x| = y	x= x|y
^=	按位异或赋值	x^= y	x= x^y
<<=	左移赋值	x<< = y	x= x<<y,这里的 y 指的是左移的位数
>>=	右移赋值	x>> = y	x = x>>y,这里的 y 指的是右移的位数

（三）Python 数据类型

Python 中有六个标准的数据类型数字（Number）、字符串（String）、列表（List）、元组（Tuple）、集合（Set）、字典（Dictionary）。其中,数字、字符串和元组属于不可变数据;列表、字典、集合属于可变数据。

Python 支持 int、float、bool、complex（复数）等数据类数字,bool 是 int 的子类。Python 中的字符串用单引号、双引号或三引号括起来。单引号、双引号、三引号的作用都是一样的,都是用来表示字符串的。它们最大的区别是三引号中可以自由引用单引号、双引号,并且三引号中的字符串可以换行。反斜杠（\\）可以作为续行符,表示下一行是上一行的延续,也可以使用 """..."""或者 "..." 跨越多行。

（四）Python 函数

函数是组织好的,可重复使用的,用来实现单一或相关联功能的代码段。函数能提高应用的模块性和代码的重复利用率。

Python 的函数代码块以 def 关键词开头,后接函数标识符名称和圆括号（），任何传入参数和自变量必须放在圆括号中间。圆括号之间可以用于定义参数。函数的第一行语句可以选择性地使用文档字符串,用于存放函数说明。函数内容以冒号起始,并且缩进。return［表达式］结束函数,选择性地返回一个值给调用方。不带表达式的 return 相当于返回 None。

```
def function(value):
    statements
return
```

函数的调用语句为 function(value)。

Python 中,在函数中定义的变量一般只能在该函数内部使用,这些只能在程序的特定部分使用的变量我们称之为局部变量。在一个文件顶部定义的变量可以供该文件中的任何函数调用,这些可以为整个程序所使用的变量我们称之为全局变量。

第二节 **Python** 数据处理和计算

一、Pandas

Pandas 是目前应用最广泛的 Python 数据处理工具包,它所提供的功能是原始 Python 功能的提高,尤其是在整理数据方面功能强大。Pandas 功能非常丰富,我们仅从一般性数据分析尤其是计量经济分析所需要的部分介绍 Pandas 的功能和使用方法。正如 Pandas 的一位用户说的:

Pandas 让我们更加专注于研究而不是编程。我们发现 Pandas 易学、易用、易维护。总之,Pandas 提高了我们的生产力。

计量经济学研究或者说实证研究的关键在于数据采集和整理,这也是本书案例的第一步。在这一过程中,Pandas 能够提供很好的支持。

(一)数据类型

数组是一种数据存储方式(或称数据结构),数组是数据类型相同的数据按照顺序排列在一起。

Series 是一种数组,数组中的每个值都对应着一个 index(索引)。

Dataframe 是一个二维数据结构,可以想象成一张二维表,其中一个维度称作列(column),通常一列代表一个变量;另一个维度为行,每一行对应一个索引(index),通常就是我们的观测值。

对经济和社会研究而言,最常见的数据类型是二维数据。二维数据是将观察到的数据以二维表进行排列和存储的一种样式。以餐厅营业记录的数据为例,这种以 Excel 文件格式存储就是典型的二维表形式,如图 6 所示。

	A	B	C	D	E	F
1	日期	周日	菜名	类别	数量	价格
2	2004/10/1	星期五	八珍豆腐	大众小炒	3	22
3	2004/10/1	星期五	拌皮蛋	凉菜	1	8
4	2004/10/1	星期五	菠萝核桃	大众小炒	3	12
5	2004/10/1	星期五	炒肝尖	大众小炒	5	6
6	2004/10/1	星期五	川式香辣	最新推荐	2	8
7	2004/10/1	星期五	葱爆肉	最新推荐	2	12
8	2004/10/1	星期五	醋溜白菜	大众小炒	2	5
9	2004/10/1	星期五	傣家牛柳	最新推荐	2	14
10	2004/10/1	星期五	东坡豆腐	特色菜	1	8
11	2004/10/1	星期五	东洋小炒	最新推荐	1	18

图 6　餐厅营业记录

(二) 数据读取

1. 创建数据表后读取

```
import numpy as np
import pandas as pd
from pandas import DataFrame
df = pd.DataFrame({'日期':[20211001,20211001,20211002,20211002,20211003,
20211003,20211004,20211004],
'周几':['星期五','星期五','星期六','星期六','星期日','星期日','星期一','星期一'],
'菜名':['八珍豆腐','拌皮蛋','菠萝核桃汤圆','炒肝尖','川式香辣土豆','葱爆肉','醋溜白菜','傣家牛柳']})

print(df)
```

该段代码运行后,可以得到以图 7 形式呈现的数据。

2. 直接从已有数据文件读取

利用 Pandas 的 read() 函数,我们可以读取已构建好的数据文件,以 Excel 文件为例,使用语句 pd.read_excel('文件存放位置及文件名'),代码如下:

```
data = pd.read_excel('d:/pythondata/restaurant.xlsx')
```

如果是其他类型的文件可以采用类似操作,如常用的 csv 文件数据的读取方式如下:

```
        日期        周几         菜名
0  20211001   星期五        八珍豆腐
1  20211001   星期五         拌皮蛋
2  20211002   星期六      菠萝核桃汤圆
3  20211002   星期六         炒肝尖
4  20211003   星期日      川式香辣土豆
5  20211003   星期日         葱爆肉
6  20211004   星期一        醋溜白菜
7  20211004   星期一        傣家牛柳
```

图 7　通过创建表读取的数据

```
data = pd.read_csv('restaurant.csv')
```

(三) 数据操作

1. 重命名数据列

利用 data.head() 语句方便查看数据的前 5 行,结果如图 8 所示。

	日期	周几	菜名	类别	数量	价格
0	2021-10-01	星期五	八珍豆腐	大众小炒	3	22
1	2021-10-01	星期五	拌皮蛋	凉菜	1	10
2	2021-10-02	星期六	菠萝核桃汤圆	大众小炒	3	25
3	2021-10-02	星期六	炒肝尖	大众小炒	5	36
4	2021-10-03	星期日	川式香辣土豆	最新推荐	2	18

图 8　查看当前已读取数据文件的前 5 行数据结果显示

每一列的名称是中文,在使用过程中不是很方便,所以我们改成相应的英文列名称,这在处理数据过程中是非常必要的。执行命令.rename 修改列名称,本例中的具体代码如下:

```
data = data.rename(columns = {'日期':'date','周几':'dayofweek','菜名':'dish','类别':'type','数量':'counts','价格':'price'},inplace = True)
```

在已读取数据文件的基础上运行该段代码,重命名数据列名称的结果显示如图 9 所示。

2. 选择特定行数据

Pandas 选择特定行数据可以用 loc() 或 iloc() 函数来实现,loc() 函数根据数据集的行索引来选择,iloc() 函数根据行序号来选择,具体应用参见以下示例。

	date	dayofweek	dish	type	counts	price
0	2021-10-01	星期五	八珍豆腐	大众小炒	3	22
1	2021-10-01	星期五	拌皮蛋	凉菜	1	10
2	2021-10-02	星期六	菠萝核桃汤圆	大众小炒	3	25
3	2021-10-02	星期六	炒肝尖	大众小炒	5	36
4	2021-10-03	星期日	川式香辣土豆	最新推荐	2	18

图 9　重命名已读取数据文件数据列名称的结果显示

· 选择前 3 行数据：

data[0:3]或 data.iloc[0:3]或 data.iloc[0:3,:]

· 选择第 5 条数据：

data[4:5]或 data.iloc[5]

· 选择倒数第 3 条数据：

data[-3:-2]或 data.iloc[-3]

· 选择后 5 条数据：

data[-5:]或 data.iloc[-5:]

选择后 5 条数据的结果如图 10 所示。

	date	dayofweek	dish	type	counts	price
9	2021-10-05	星期二	东洋小炒	最新推荐	1	48
10	2021-10-06	星期三	XO酱爆鸡胗	最新推荐	4	54
11	2021-10-06	星期三	三丝拌蜇皮	凉菜	10	45
12	2021-10-07	星期四	上口爱锅巴	大众小炒	2	24
13	2021-10-07	星期四	上汤白菜	时蔬	30	15

图 10　选择已读取数据文件后 5 行的结果显示

3. 选择特定列数据

Pandas 选择特定列数据可以使用 loc( ) 或 iloc( ) 函数来实现。loc( ) 函数根据数据集的列名称来选择，iloc( ) 函数根据列序号来选择，选择的行列之间用冒号(:)分隔开，具体参见以下示例。

· 选择特定一列数据,如选择所有价格数据:

```
data['price']
```

· 选择特定多列数据,如同时选中 dish 和 type:

```
data[['dish','type']]
```

等价操作:

```
data.iloc[:,2:4]
```

· 同时选定特定的行和列,如显示 dish 和 type 的 1 到 4 行数据:

```
data.loc[0:4,['dish','type']]
```

运行结果如图 11 所示。

· 选择特定数值,如显示第 16 行的价格是多少:

```
data.at[15,'price']
```

· 还可以通过第几行、第几列的方式选择数据,如显示第
2 列到第 4 列数据的前 3 行:

```
data.iloc[0:3,1:3]
```

· 类似,显示第 4 列的第 3 条数据:

```
data.iat[2,3]
```

	dish	type
0	八珍豆腐	大众小炒
1	拌皮蛋	凉菜
2	菠萝核桃汤圆	大众小炒
3	炒肝尖	大众小炒
4	川式香辣土豆	最新推荐
5	葱爆肉	最新推荐
6	醋溜白菜	大众小炒
7	傣家牛柳	最新推荐
8	东坡豆腐	特色菜
9	东洋小炒	最新推荐
10	XO酱爆鸡胗	最新推荐
11	三丝拌蜇皮	凉菜
12	上口爱锅巴	大众小炒
13	上汤白菜	时蔬

图 11 选择已读取数据文件
特定列的结果显示

(四) 数据计算

Pandas 可以方便地计算某一列数据的基本统计指标,如求和、
求平均、最大值和最小值等。

· 求和:data['counts'].sum()

· 求平均:data['price'].mean()

· 最大值:data['price'].max()

· 最小值:data['price'].min()

1. 计算并增加一列数据

以增加一列数据表示营业额为例,营业额是菜品数量和单
价的乘积。

#在当前已读取数据文件中根据计算结果新增一列数据列

data['amount'] = data.counts * data.price

#*显示三列数据*

Data[['counts','price','amount']]

在 Python 中运行两句代码并显示结果,如图 12 所示。

	counts	price	amount
0	3	22	66
1	1	10	10
2	3	25	75
3	5	36	180
4	2	18	36
5	2	32	64
6	2	15	30
7	2	40	80
8	1	28	28
9	1	48	48
10	4	54	216
11	10	45	450
12	2	24	48
13	30	15	450

图 12　原数据列和新增数据列的结果显示

2. 逻辑判断

对满足条件的数据进行操作,可以用逻辑判断进行筛选。如将所有"大众小炒"的价格普遍上调 10%,我们需要筛选出 type 为"大众小炒"的所有 price,再在其自身基础上乘 1.1。这可以通过 data.loc[data.type = ='大众小炒','price'] * = 1.1 语句的执行实现。其中,语句 data.loc[data.type = ='大众小炒','price']是筛选出所有 type 等于"大众小炒"的数据并选择 price,逻辑判断符" = ="表示判断是否相等,如果是就得到"True"否则就得到"False";逻辑判断符" * ="表示在原数值基础上乘 1.1,并将计算结果替代原数值。这样就实现了对大众小炒一类的所有菜品涨价 10%。图 13 所示为代码运行前后结果(左边为代码运行前结果,右边为代码运行后结果),可分别通过代码

data[['type','price']] 显示结果。

	type	price
0	大众小炒	22.0
1	凉菜	10.0
2	大众小炒	25.0
3	大众小炒	36.0
4	最新推荐	18.0
5	最新推荐	32.0
6	大众小炒	15.0
7	最新推荐	40.0
8	特色菜	28.0
9	最新推荐	48.0
10	最新推荐	54.0
11	凉菜	45.0
12	大众小炒	24.0
13	时蔬	15.0

(a)

	type	price
0	大众小炒	24.2
1	凉菜	10.0
2	大众小炒	27.5
3	大众小炒	39.6
4	最新推荐	18.0
5	最新推荐	32.0
6	大众小炒	16.5
7	最新推荐	40.0
8	特色菜	28.0
9	最新推荐	48.0
10	最新推荐	54.0
11	凉菜	45.0
12	大众小炒	26.4
13	时蔬	15.0

(b)

图 13 逻辑判断计算结果显示

逻辑判断的操作如表 3 所示。

还需要注意的是,以上操作不建议写成 data['price'][data.type=='大众小炒']。这种代码很直观也可能得到相同的结果,但是 Pandas 不建议如此,因为这种情况不能保证总是得到我们预期的结果。

表 3 逻辑判断运算符

比较运算符	含义
>	大于
>=	大于等于
<	小于
<=	小于等于
==	等于
!=或<>	不等于

(五) 数据分组计算

如果想了解每一种菜品的销售总额是多少,这种操作实质就是按照菜品对营业额进行汇总,可以使用 groupby() 函数进行分组计算。DataFrame 的很多函数可以直接运用到 Groupby 对象上(见表 4)。

表 4 部分可以直接运用到 Groupby 对象上的 DataFrame 函数

功能	描述
count	非零观测值计数
sum	值求和
mean	均值
mad	平均绝对偏差
median	算数中位数
min	最小值
max	最大值
mode	众数
abs	绝对值
prod	变量乘积
std	贝塞尔校正样本标准差
var	无偏方差
sem	均值的标准误差
skew	样本偏度
kurt	样本峰度
quantile	样本分位数
cumsum	累积和
cumprod	累积乘积
cummax	累积最大值
cummin	累积最小值

以对每种类型的菜品销售汇总为例,语句如下:

type_amount = data.groupby('type').sum()

type_amount['amount']

显示 type_amount 变量结果如图 14 所示。

```
type_amount=data.groupby('type').sum()
type_amount['amount']
```

```
type
凉菜          460
大众小炒      399
时蔬          450
最新推荐      444
特色菜        28
Name: amount, dtype: int64
```

图 14　Groupby 函数汇总每种菜品类型的销售总额结果

本例语句 data.groupby('type').sum()指按照每种菜品将其他数值类型的列的数据都汇总求和。当然,本例中对价格 price 和不同菜品数量的汇总是没有意义的,本例只关心销售金额 amount 的汇总值,通过 type_amount['amount']即可得到。

(六) 数据排序

若要按照菜品类型汇总金额从高到低排序,可以通过语句 type_amount['amount'].sort _values(ascending = False)实现。其中,ascending = False 表示按照降序排列(从大到小);相反,ascending = True 表示按照升序排列(从小到大)。

(七) 交叉分析(数据透视表)

Pandas 可以实现 Excel 中数据透视表的功能,进行交叉分析,即按照自己想要的行和列显示数据。例如,若想了解星期一到星期日每一种类别的营业额,则需要一张表,列是各种菜品类别,行是星期一到星期日,表格中的数据是营业额的汇总。

dt = data.pivot_table(values = ['amount'],index = ['dayofweek'],columns = ['type'], aggfunc = [np.sum])

语句 pivot_table(values,index,columns,aggfunc)中各个参数的含义如下:

- index：数据透视表中的行
- columns：数据透视表中的列
- values：数据透视表中的数值
- aggfunc：values 汇总的方法如求和、平均等

语句运行结果如图 15 所示。

	sum				
	amount				
type	凉菜	大众小炒	时蔬	最新推荐	特色菜
dayofweek					
星期一	NaN	30.0	NaN	80.0	NaN
星期三	450.0	NaN	NaN	216.0	NaN
星期二	NaN	NaN	NaN	48.0	28.0
星期五	10.0	66.0	NaN	NaN	NaN
星期六	NaN	255.0	NaN	NaN	NaN
星期四	NaN	48.0	450.0	NaN	NaN
星期日	NaN	NaN	NaN	100.0	NaN

图 15　星期一到星期日每一种类别的营业额

结果保存在 *dt* 中，如果要引用数据透视表中的数值，则可以采用类似数据选择的方法。例如，计算周六和周日凉菜的汇总金额，可以进一步计算：

dt［'sum'］［'amount'］［'凉菜'］.loc［［'星期六','星期日'］］.sum( )

语句 dt［'sum'］［'amount'］［'凉菜'］是数据透视表列的引用方法，得到的是"凉菜"按周一至周日加总的每日金额；.loc［［'星期六','星期日'］］是选择星期六和星期天的数据；.sum( )是求和，得到周六、周日数据之和。结果如图 16 所示。

```
dt=data.pivot_table(values=['amount'],index=['dayofweek'],columns=['type'],aggfunc=[np.sum])
dt['sum']['amount']['凉菜'].loc[['星期六','星期日']].sum()
```

0.0

图 16　当前已读取数据文件的"凉菜"周六周日数据透视表结果

二、NumPY

NumPY 是数值计算的利器，其效率比 Python 自身系统要高很多。这可以通过本节创建数组及其基本操作和运算示例体现，以下示例也可以帮助理解如何评估计算效率。

NumPY 主要是对"数组"(array)进行计算。一维数组就是一个有序的数值序列,可以理解为向量;二维数组相应地理解为矩阵。NumPY 提供了丰富的关于向量和矩阵的计算方法。

(一) 创建数组

代码 a = np.array([[3,6,2,7,8,1,9,8,4]])用于创建一个一维数组,代码 b = np.array([(1,2,3),(10,20,30)])用于创建一个二维数组。

集中创建特殊数组的简便方法示例如下:

- c = np.arange(5),创建数组[0,1,2,3,4]
- np.zeros(5),创建数组[0. 0. 0. 0. 0]
- np.ones(5),创建数组[1. 1. 1. 1. 1]

(二) 数组的基本操作和运算

创建数组 m = np.array([[1,2,3],[4,5,6],[7,8,9],[10,11,12]]):

[[1　 2　 3]

[4　 5　 6]

[7　 8　 9]

[10 11 12]]

创建数组 n = np.array([(.1,.2),(0.3,0.4),(0.5,0.6)]):

[[0.1 0.2]

[0.3 0.4]

[0.5 0.6]]

m 是 4×3 矩阵,n 是 3×2 矩阵。

- 矩阵相乘代码:

m.dot(n)

- 矩阵对应项相乘代码:

m * m 或 np.multiply(m,m)

- 矩阵的转置代码:

m.T

（三）数组的切片、索引和迭代

对于上述矩阵 m，想选取其中的第 1、第 2 行及第 2、第 3 列的数据，形成一个新的矩阵，操作代码为 m[0:2,1:3]，运行结果如下：

```
array([[2, 3],
       [5, 6]])
```

"：，"代表选中所有的行；"，："表示选中所有的列。例如，对于上述矩阵，只选择第二列的全部数据，操作代码为 m[:,1]，运行结果如下：

```
array([ 2,  5,  8, 11])
```

在代码中，不同行列的选择符号也可以联合使用，如选择第 2 列和第 3 列的数据，操作代码为 m[:,1:3]，结果如下：

```
array([[ 2,  3],
       [ 5,  6],
       [ 8,  9],
       [11, 12]])
```

第三节　Python 绘图

Python 绘图的主要工具是 matplotlib 工具包，通常以 import matplotlib.pyplot as plt 的方式加载。我们需要基本掌握以下几种绘图操作：
- 常见图表类型的绘制方法
- 图表属性的设置
- 组合图形的绘制

一、常见图表类型及绘制方法

本节仍以餐馆的历史数据为例来学习不同类型图表的绘制。

（一）散点图的绘制

散点图显示两个变量之间的相关性关系，例如，销售数量和价格之间是否有关系，可以通过绘制两者的散点图获得。散点图基本语法为 plt.scatter(x,y)。本例代码如下：

```
import numpy as np
import pandas as pd
from pandas import DataFrame
import matplotlib.pyplot as plt
data = pd.read_excel('d:/pythondata/restaurant1.xlsx')
dt = data.rename(columns = {'日期':'date','周几':'dayofweek','菜名':'dish','类别':
'type','数量':'counts','价格':'price'},inplace = True)
data['amount'] = data.counts * data.price
plt.scatter(data.price,data.counts)
```

结果如图 17 所示，随着价格下降，销售数量基本呈增加趋势。

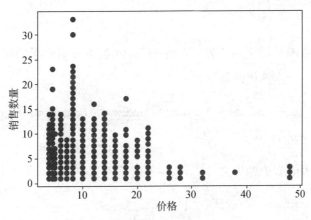

图 17　销售数量和价格之间的关系

（二）折线图

折线图通常显示趋势，如每日营业额变化。通过数据透视表得到按日期的营业额汇总，存储在 dt1 变量中：

```
dt1 = data.pivot_table(values = ['amount'],index = ['date'],aggfunc = [np.sum])
```

折线图的基本语法为 plt.plot(x,y)。本例的代码如下：

```
plt.plot(dt1.index,dt1['sum']['amount'])
#简化代码
plt.plt(dt1)
```

结果如图 18 所示。

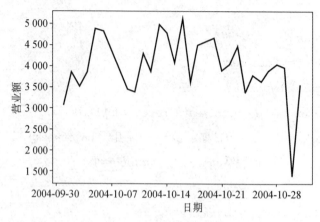

图 18　每日营业额变化

(三) 条形图

条形图可以直观展示对比和差异,如"凉菜"类营业额一周七天的对比。条形图的基本语法为 plt.bar(x,y)。本例代码如下:

```
dt = data.pivot_table(values = ['amount'], index = ['dayofweek'], columns = ['type'],
aggfunc = [np.sum])
```

#用来正常显示图形中的中文

```
plt.rcParams['font.sans - serif'] = ['SimHei']
```

```
plt.bar(dt.index, dt['sum']['amount']['凉菜'].sort_values())
```

结果如图 19 所示。

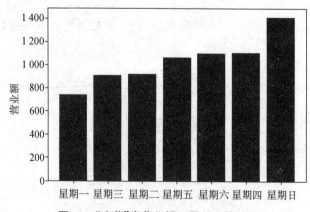

图 19　"凉菜"类营业额一周七天的对比

从图 19 中很容易看出,周一营业额最低,周日营业额最高,周二、周三基本持平,周四到周六基本相同。

(四) 直方图

直方图(histogram)与条形图不同,它是呈现一组数据分布情况的图形,一般横轴表示数据的分布区间,纵轴表述频数或频率。例如,所有菜品销售价格是如何分布的,即在不同价格区间的菜品数量是多少,这就可以通过价格的直方图显示出来。直方图的绘制需要至少两个要素,一个是数据,另一个是数据区间的数量。通过 min 和 max 两个函数可知,所有菜品的价格最小值为 4,最大值为 48,我们将设定 10 个价格区间。执行语句 plt.hist(data.price,10),绘制如下直方图(见图 20)。

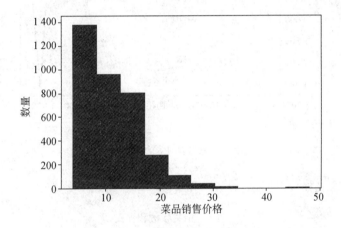

图 20　所有菜品销售价格的分布

从图 20 可以看出,绝大多数菜品的价格分布在 20 元以下,10 元以下的数量最多,30 元以上的菜品数量很少。

二、图形属性的设置

(一) 设置标题、坐标轴和图例等

本部分仍旧以每日营业额绘制趋势图,增加图表标题、x 轴和 y 轴标签,以及图例等,代码如下:

#label 设定后在图例中显示

```
plt.plot(dt1,label ='营业额')
plt.title('营业额趋势')
```

```
plt.xlabel('日期')

plt.ylabel('金额')

plt.legend()

plt.grid(True)

plt.show()
```

结果如图 21 所示。

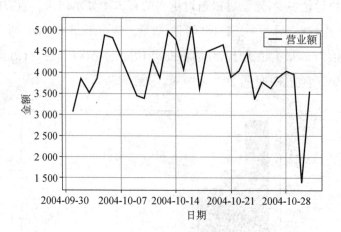

图 21　每日营业额绘制趋势图

相关参数和含义如表 5 所示。

表 5　相关参数和含义

参数	含义
title	图表标题
xlabel/ ylabel	x 轴/y 轴标签
xlim/ylim	x 轴/y 轴取值范围
legend	显示图例
grid	显示网格线

(二) 同时在一个图形中显示多条曲线或图形

若想在每日营业额变化曲线图中增加一条每日销售量的变化曲线,则需先通过数据透视表得到按日期的销售量汇总,存储在 dt2 中,代码如下:

```
dt2 = data.pivot_table(values = ['counts'],index = ['date'],aggfunc = [np.sum])
```

然后在同一张表中绘制图形,代码如下:

```
plt.plot(dt1,label = '营业额')

plt.plot(dt2,label = '销售量')

plt.title('营业额及销量趋势')

plt.xlabel('日期')

plt.ylabel('金额')

plt.legend()

plt.grid(True)

plt.show()
```

结果如图 22 所示。

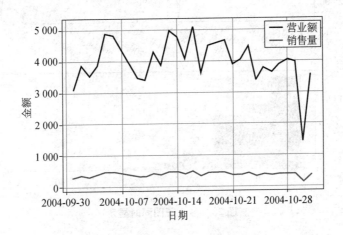

图 22 营业额及销量趋势

还可以用另外一种形式展示,在同一张图中显示多个子图,这时要用到 subplot 方法。语句 plt.subplot(x,y,z) 或 plt.subplot(xyz),含义是将图形分成 $x \times y$ 个区域,按照"从左至右从上至下"的方式编号。例如,(221)代表 4×4 图形的左上角,(223)则表示左下角,以此类推。(212)则表示 2×1 图形的第二行。具体示例如下:

```
# 第一行的左图

plt.subplot(221)

plt.plot(dt1)

# 第一行的右图

plt.subplot(222)

plt.plot(dt2)
```

#第二整行

```
plt.subplot(212)

plt.hist(data.price,10)

plt.show()
```

结果如图 23 所示。

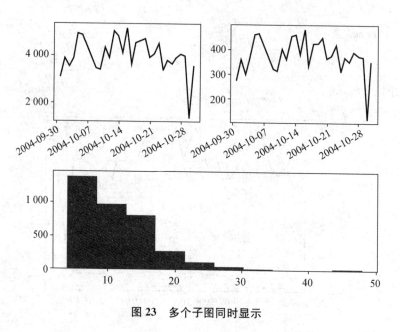

图 23　多个子图同时显示

第四节　常用 Python 统计分析语法

一、加载工具包

#加载 Pandas 工具, 并将其命名为 pd

```
import pandas as pd
```

#加载 NumPY 工具, 并将其命名为 np

```
import numpy as np
```

#加载 Matplotlib 工具, 并将其命名为 plt

```
import matplotlib.pyplot as plt
```

\#导入统计函数子包 *scipy.stats*

from scipy import stats

\#加载 *statsmodels 工具*，并将其命名为 *sm*

import statsmodels.api as sm

二、数据准备相关

（一）读取 Excel 数据文件

Pandas 读取 Excel 数据文件的方法是 Read_excel，完整语法格式如下：

pd.read_excel（io, sheet_name = 0, header = 0, names = None, index_col = None, usecols = None, squeeze = False, mdtype = None, engine = None, converters = None, true_values = None, false_values = None, skiprows = None, rows = None, na_values = None, parse_dates = False, date_parser = None, thousands = None, comment = None, skipfooter = 0, convert_float = True, * * kwds）

其中，必须写入的参数和一些常用参数说明如下：

io 参数可以接受的有 str、Excel 文件、路径对象或类似文件的对象。其中，最常用的是 str，一般是"文件路径＋文件名"。需要注意的是，文件名字必须完整包括表明文件类型的文件扩展名。io 参数没有默认值，是必须在代码中写入的参数。

sheetname：Excel 工作簿中往往会有多张工作表，该参数是用来指定具体工作表的。Python 一次只能读取一个工作表，如 sheetname = ' Sheet1 '，默认参数 0，表示只读取 excel 中的第一张工作表。

header：指定作为列名的行，默认是 0，即 Excel 的第一行。若数据不含列名，则设定 header＝None，Python 将会用数字命名列名。

names：指定列的名字，需以列表的形式设置。与 header 的区别在于，names 是先将数据读取后，通过 Python 生成的列名，不同于 header 的列名在 Excel 数据文件中。

skiprows：excel 中自上而下忽略读取的行数，用来从头部跳行读取数据。

skip_footer：自下而上忽略读取的行数，用来尾部跳行读取数据。

index_col：指定列为索引。

na_values：设置缺失值的处理，默认为 None，可通过该参数设置为其他替换字符或数字。

(二) 更改数据列名称

在数据准备过程中,如果需要更改数据列名称,可以采用 Pandas 的 rename()函数来实现,完整的语法格式如下:

DataFrame.rename(mapper = None, index = None, columns = None, axis = None, copy = True, inplace = False, level = None, errors =' ignore')

函数语法格式中的常用参数说明如下。

映射器(mapper),索引(index)和列(columns):字典值,键表示旧名称,值表示新名称。这些参数只能一次使用。

axis:int 或字符串值,"0"表示行,"1"表示列。

copy:如果为 True,则复制基础数据。

Inplace:默认值是 true,如果为 True,则在原始 DataFrame 中进行更改。

Level:用于在数据帧具有多个级别索引的情况下指定级别。

三、线性回归模型相关

(一) 语法格式

线性回归的语法格式如下:

model = sm.OLS(因变量,自变量).fit()

或

model = sm.OLS(y~x,data = data).fit()

model.summary()

(二) 常用属性

回归模型常用属性表如表 6 所示。

表 6　常用属性表

属性名	含义
f_pvalue	F 检验的 p 值
f_value	F 统计量

（续表）

属性名	含义
mse_model	模型的 MSE
mse_rsid	残差的 MSE
pvalue	双尾 t 检验的 p 值
resid	模型的残差
rsquared	模型的 R^2
rsquared_adj	模型的调整 R^2
ssr	SSR
tvalue	t 统计量